石油与天然气烃源岩研究进展

SHIYOU YU TIANRANQI TINGYUANYAN YANJIU JINZHAN

张　宇　赵利东　翟常博　著
刘士林　王惠勇　邹　伟

内容提要

本书通过大量文献调研,总结了近年来石油天然气烃源岩研究方面的研究进展。本书针对含油气盆地类型与烃源岩关系,陆相湖泊泥(页)岩生烃理论,海相泥(页)岩生烃理论,海相碳酸盐岩生烃理论,煤系烃源岩生烃理论,以及未熟—低熟油生烃理论等方面,分别叙述了研究新认识。与专业教材、地质志、科研成果类图书的写作体例不同,本书自成一派,系统地描述了石油天然气烃源岩各方面的知识成果,不拘泥于大而全的内容罗列,重点突出了近年来相关研究的最新成果,可为从事石油地质勘探专业的科研人员及高等院校师生提供有益参考。

图书在版编目(CIP)数据

石油与天然气烃源岩研究进展/张宇等著. —武汉:中国地质大学出版社,2023.7
ISBN 978-7-5625-5641-1

Ⅰ.①石… Ⅱ.①张… Ⅲ.①烃源岩-研究 Ⅳ.①P618.130.2

中国国家版本馆 CIP 数据核字(2023)第 132654 号

石油与天然气烃源岩研究进展	张 宇　赵利东　翟常博		著
	刘士林　王惠勇　邹 伟		

责任编辑:韩 骑	选题策划:张晓红　韩 骑	责任校对:张咏梅
出版发行:中国地质大学出版社(武汉市洪山区鲁磨路388号)		邮编:430074
电　　话:(027)67883511	传　　真:(027)67883580	E-mail:cbb@cug.edu.cn
经　　销:全国新华书店		http://cugp.cug.edu.cn
开本:787 毫米×1092 毫米　1/16	字数:268 千字	印张:10.75
版次:2023 年 7 月第 1 版	印次:2023 年 7 月第 1 次印刷	
印刷:武汉精一佳印刷有限公司		
ISBN 978-7-5625-5641-1		定价:128.00 元

如有印装质量问题请与印刷厂联系调换

前　言

油气资源广泛分布于各类沉积盆地,但并非每一个沉积盆地都富含油气。全球油气分布极不均衡,不同类型沉积盆地的油气资源丰度存在很大差异,含油气盆地中的油气资源主要集中在少数大油气田中。

油气是如何形成的,这是油气勘探工作的重大基础科学问题。自20世纪以来,科学家重点围绕着三大主题进行讨论并开展研究,即有机与无机生油学说、海相与陆相生油理论、浅成论与深成论,并逐渐形成以有机成因理论为基础、以干酪根热降解生烃为主线的海陆相生烃理论。由于烃源岩沉积时期所处的气候与沉积环境不同,有机质来源、岩石类型以及烃源岩化学特征存在显著不同;后期埋藏热演化环境与过程的不同,导致生烃机制、生烃演化阶段和生烃强度也存在较大差异。为此,笔者重点调研了近20年来的期刊论文与有关专著,并结合自身工作经验撰写了《石油与天然气烃源岩研究进展》。

本书共分为六章,第一章介绍了含油气盆地与烃源岩的分布特征,由中国石化股份有限公司油田事业部张宇撰写;第二章围绕沉积环境、生烃机理和地质事件对有机质富集的控制作用,介绍了陆相湖泊泥(页)岩生烃理论研究方面的新进展,其中第一、二节由中国石化石油勘探开发研究院翟常博撰写,第三、四节由东北石油大学赵利东撰写;第三章针对海相泥(页)岩,基于学者们对Tissot学说的思考和讨论,介绍了陆续发展出的有机质连续接力成气机理、有机质全过程生烃理论以及烃源岩有限空间生烃理论,由东北石油大学赵利东撰写,此作者合计撰写约6万字;第四章介绍了海相碳酸盐岩烃源岩生烃理论研究方面的新进展,由中国石化股份有限公司油田事业部刘士林撰写;第五章介绍了煤系烃源岩生烃理论研究方面的新进展,由中国石化石油勘探开发研究院王惠勇撰写;第六章介绍了未熟—低熟烃源岩的沉积环境、成烃机理和成烃模式研究方面的新进展,由中国石化石油勘探开发研究院邹伟撰写。全书由张宇设计并最终统稿。

本书的顺利完成,得益于从事油气勘探的专家学者的真知灼见和专业智慧,在此一并表示真挚的感谢!

本书内容资料翔实,知识完备,内容丰富,专业性强,可作为油气勘探地质专业科研人员、高等院校相关专业师生的参考书。

笔者
2023年6月

第一章
全球含油气盆地与烃源岩

第一节 含油气盆地与资源分布

一、盆地基本类型

从盆地形成和演化的角度来看,沉积盆地是地壳或岩石圈在较长一段时间内相对沉降的产物,沉积物不断堆积充填形成的一种负向地壳构造。这里的较长时间,用于区别强烈构造运动在短时期内形成的较大型负向构造,如向斜、复向斜等,强调持续沉降与不断充填在时间和空间上的耦合。相对沉降是盆地形成的动力,是盆地发展演化的根本,也是沉积物不断充填的前提。

大陆地表部分,可以被划分为3种属性和特征不同的构造单元,包括沉积盆地、造山带和地盾,其中沉积盆地是被水体或一定厚度的未变质、变形弱的沉积盖层覆盖的地区,造山带是遭受强烈褶皱和其他变形的狭长带状隆起,地盾指的是大面积出露的前寒武纪基底变质岩系,仅在局部有薄层沉积物覆盖(朱伟林等,2014),沉积盆地在三者中所占面积最大。海洋约占地球表面积的71%,也可看作是一种特殊的巨型沉积盆地,或者是由若干个沉积盆地组成的超级沉积盆地群,我们也常常称其为大洋盆地。陆上沉积盆地、大洋盆地以及一些残留沉积盆地(经后期改造部分已不具盆地形态),这些沉积盆地占地球表面积的比例可高达90%。因此,无论是研究世界地质,还是探讨地球动力学过程,沉积盆地均处于关键地位(刘池洋,2008)。盆地类型的划分有助于提高对油气分布规律的认识。

盆地分类的方案有很多种,多数人认可的经典分类方案主要有3种:Bally 和 Snelson (1980)、Klemme 和 Ulmishek(1991)、Mann 等(2003)的盆地分类方案。根据这3种方案,何登发等(2015)对全球近1000个大油气田所在盆地的类型做了统计分析,结果如下。

根据 Bally 和 Snelson 的盆地分类方案,这些大油气田所在盆地的类型主要分为五类。

Ⅰ类盆地位于刚性岩石圈之上,其形成与巨型缝合带无关,有396个大油气田分布于此;Ⅱ类盆地位于刚性岩石圈之上的环缝合带盆地,其形成与挤压型巨型缝合带有关,有407个大油气田分布于此;Ⅲ类盆地主要位于挤压型巨型缝合带内的缝合带盆地,分布有103个大油气田;Ⅳ类盆地位于褶皱带,发现有62个大油气田;Ⅴ类盆地为高原玄武岩盆地,目前尚未在此类型盆地中发现大油气田。

根据 Klemme 和 Ulmishek 的分类方案,这些大油气田所在盆地的类型主要分为五类。

Ⅰ类盆地为克拉通内盆地,有36个大油气田分布于此;Ⅱ类盆地为大陆多旋回盆地,多数大油气田分布于此类型盆地,共计584个;Ⅲ类盆地为大陆裂谷盆地,分布有261个大油气田;Ⅳ类盆地为三角洲盆地,共发现有87个大油气田;Ⅴ类盆地为弧前盆地,目前尚未在此类型盆地中发现大油气田。

根据 Mann 等提出的盆地分类方案,这些大油气田所在盆地的类型主要分为六类。

Ⅰ类盆地为大陆裂谷和上覆的"牛头状"断拗盆地,分布有290个大油气田;Ⅱ类盆地为被动大陆边缘前缘主要洋盆,大油气田在此分布最多,有324个;Ⅲ类盆地为走滑边缘盆地,分布有 60 个大油气田；Ⅳ类盆地为陆-陆碰撞边缘盆地,176 个大油气田属于此类盆地；Ⅴ类盆地是与地体增生、岛弧碰撞和浅部俯冲相关的大陆碰撞盆地,发现 89 个大油气田；Ⅵ类盆地为俯冲边缘盆地,大油气田在此分布最少,仅 12 个。

朱伟林等(2014)以现今盆地的基本特征、板块构造背景和盆地形成的地球动力特征为依据,将全球的主要盆地划分为七类(图 1-1),它们具有不同的分布特征。

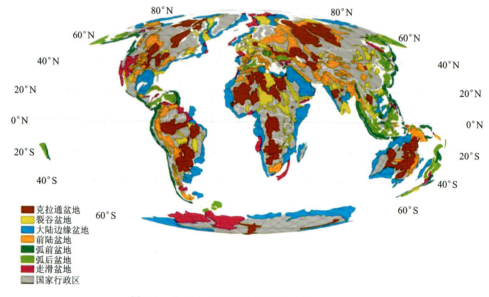

图 1-1　全球七类沉积盆地分布(朱伟林等,2014)

(1) 克拉通盆地。位于远离板块边界的大陆克拉通内部,全球广泛分布,见于北美、南美、非洲、欧洲、亚洲北部、澳大利亚、南极洲等各个大陆板块内部,其形成时代主要为古生代,部分为中生代。其中发现有大油气田的克拉通盆地主要分布于北非、北高加索—滨里海地区、南里海—卡拉库姆、西西伯利亚地区和东西伯利亚地台等。西西伯利亚盆地是其中最典型最富油气的,也是世界上规模最大的沉积盆地,面积可达 350 万 km²。

(2) 裂谷盆地。包括两类：一类形成于大陆板块裂解时期,见于南、北美东部一系列中生代裂谷盆地,以及在非洲板块内部由于远源应力场作用形成的西非裂谷系、中非中生代裂谷系和东非新生代裂谷系；第二类的形成与太平洋板块向欧亚板块之下陡倾角俯冲有关,是西太平洋型中新生代裂谷系,例如中国东部发育的裂谷盆地群。

(3) 被动大陆边缘盆地。主要分布于大西洋、北冰洋、印度洋沿岸以及南极洲附近,形成了目前 60% 的大陆边界。一些著名的油气区,例如墨西哥湾深水区及其相邻地区和西非尼日尔三角洲等,均位于被动大陆边缘盆地,它们形成于泛大陆中生代裂解-漂移阶段。

(4) 前陆盆地。近平行于造山带分布,常见的有欧亚大陆特提斯造山带和乌拉尔造山带、南美安第斯山脉、北美落基山脉和阿巴拉契亚山脉等。中、新生代以来,全球发育了两条巨型造山带,包括阿尔卑斯-喜马拉雅造山带和科迪勒拉造山带,这两条造山带控制了全球两类前陆盆地链(弧后前陆盆地和周缘前陆盆地)的发育。前陆盆地的典型油气区有波斯湾扎格罗斯盆地、乌拉尔盆地、东委内瑞拉盆地、西加拿大盆地。

(5) 弧前盆地。环太平洋俯冲带分布，为大洋板块俯冲形成的盆地类型，典型代表有东南亚的文莱-沙巴盆地。

(6) 弧后盆地。主要分布于西太平洋沿岸俯冲带靠陆一侧，该类盆地的油气富集区也主要位于东南亚地区。

(7) 走滑盆地。拉分盆地是走滑盆地中最典型的，如北美的西海岸盆地群、南美的东北部盆地群、大西洋两岸部分区域以及南北极的一些洋盆。这类盆地规模和寿命均较小，但也可以形成一些小而富集的油气盆地，如国内的辽河盆地，国外的洛杉矶走滑盆地和维也纳盆地等。

二、大地构造背景

大地构造背景控制着盆地的类型和演化阶段，包括盆地的主要成盆期、沉积作用、油气生成、聚集和圈闭成藏作用等。古特提斯洋及其邻近盆地区和北方大陆油气盆地区涵盖了全球90%的油气（朱伟林等，2014）。

古特提斯洋盆海进、海退层序中，储集体广泛发育于烃源岩的下方或上方，包括多种碎屑岩、碳酸盐岩和礁型储集体，储集性能好。洋盆持续多旋回沉降，烃源岩的有效厚度大，成油效率和富集程度较高，而且保存良好。因此古特提斯洋及其邻近盆地区是世界上油气资源，特别是石油资源最丰富的油气盆地区。

北方大陆区位于北半球，其主体是在前寒武系基底之上形成的稳定沉积盆地，部分是在古生代褶皱基底上形成的中、新生代沉积盆地。北方大陆区古生界海相沉积厚度通常不大，中、新生界以海相、海陆过渡相沉积为主，并且新生界沉积大多欠发育。沉积有机质按时代来看，志留纪、侏罗纪—早白垩世普遍发育以Ⅰ-Ⅱ型干酪根为主的海相烃源岩；其他各时代，尤其是晚石炭世—早二叠世以及早白垩世，则以Ⅱ-Ⅲ型、Ⅳ型干酪根和煤占优势。有机质的类型决定了北方大陆区气型源岩比油型源岩更为发育，天然气资源比石油资源更丰富。

从盆地类型来看，最适合形成大油气田的盆地有：克拉通边缘盆地、大陆裂谷盆地、被动大陆边缘盆地和前陆盆地，这些盆地大地构造环境长期处于稳定状态，有利于油气保存，是大型油气田聚集的有利地区。

三、油气资源分布

朱伟林等（2014）根据全球大型油气田富集程度和地理位置，大致划分出5个油气富集区（图1-2）：波斯湾油气富集区、墨西哥湾油气富集区、西西伯利亚油气富集区、北海油气富集区、乌拉尔—里海油气富集区。这5个地区集中分布了全球主要的大型油气田。

何登发等（2015）根据全球构造格局和构造演化及其对油气分布制约作用，将含油气区归并为8个含油气域（图1-3），由北至南分别为：北极含油气域、北美域、北大西洋-北海域、古亚洲域、特提斯域、南大西洋域、大洋洲含油气域和环太平洋域。可能还存在南极洲含油气域，但目前尚未证实。

(1) 北极含油气域：阿拉斯加北坡和加拿大麦肯齐三角洲，有6个大油气田；加拿大北极岛屿有5个大油气田；巴伦支海也有5个大油气田。

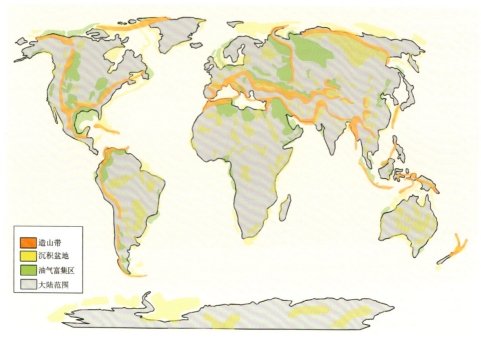

图 1-2　全球主要油气区分布(朱伟林等,2014)

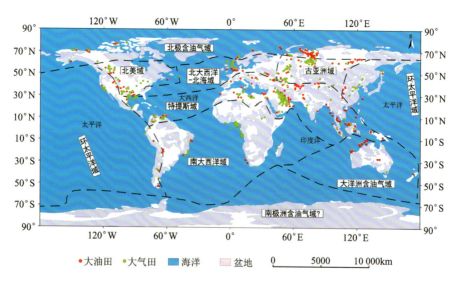

图 1-3　世界八大含油气域的划分及大油气田在其中的分布(何登发等,2015)

(2)北美域:包括美国阿巴拉契亚、沃希托、落基山3个前陆区及其围限的克拉通盆地区。美国得克萨斯州、俄克拉何马州二叠纪盆地、阿纳达科盆地分布有29个大油气田;落基山前陆区分布有16个大油气田。

(3)北大西洋-北海域:以北海裂谷盆地为主体,已发现有49个大油气田。

(4)古亚洲域:主要受到古亚洲构造域的控制,西西伯利亚盆地分布有93个大油气田,乌拉尔山地区有26个大油气田。

(5)特提斯域：对应特提斯构造域，包括古特提斯和新特提斯。该油气域里，北非有 38 个大油气田；阿拉伯半岛和波斯湾大油气田较多，有 212 个；巴基斯坦和印度西部有 9 个大油气田；巽他陆架有 23 个大油气田；黑海和里海北部区域有 24 个大油气田；南里海和科佩特塔格地区发现有 39 个大油气田；我国塔里木盆地、柴达木盆地、四川盆地发现有 9 个大油气田。

(6)南大西洋域：南大西洋两岸被动大陆边缘，也包括墨西哥湾。巴西有 9 个大油气田；西非有 41 个大油气田；美国和墨西哥的墨西哥湾可见 61 个大油气田。

(7)大洋洲含油气域：西北澳大利亚有 18 个大油气田；西伊里安岛有 3 个大油气田；巴士海峡、澳大利亚和塔斯曼海有 5 个大油气田。

(8)环太平洋域：主要对应环太平洋构造域。美国南加利福尼亚州有 17 个大油气田；南美北部有 39 个大油气田；安第斯山脉南部发现有 8 个大油气田；东萨哈林岛（库页岛）仅有 2 个大油气田；我国东部有 8 个大油气田；我国东海有 1 个大油气田。

第二节 典型盆地类型

一、克拉通盆地

克拉通盆地是重要的含油气盆地类型之一，其油气储量很高，在世界各大洲均有分布。已发现具有大油气田的克拉通盆地主要分布在北非、北高加索—滨里海地区、南里海—卡拉库姆盆地、西西伯利亚盆地和东西伯利亚地台等。克拉通盆地通常会经历比较复杂的演化过程，因此它具有复杂的油气聚集史。

1. 石油地质特征

世界上的油气资源约有 25% 分布在克拉通盆地中。据美国地质调查局（USGS）评价结果，此类盆地中的巨型油田包括：北美伊利诺伊盆地、威利斯顿盆地、密歇根盆地，北非伊利兹盆地、古德米斯盆地，欧洲西北德国盆地以及俄罗斯西西伯利亚盆地等（表1-1）。

表 1-1 重要的克拉通盆地石油和天然气储量

地区	盆地名称	石油/MMb	天然气/Bcf	液化天然气/MMb
北美	伊利诺伊（2007）	214	4654	24
北美	威利斯顿（2008）	3844	3705	202
北美	密歇根（美国部分，2004）	990	11 438	220
北非	伊利兹（2000）	2947	28 138	900
北非	古德米斯（2000）	6477	17 493	1174
欧洲	西北德国（2000）	56	10 814	23
俄罗斯	西西伯利亚（2008）	3660	651 498	20 329

注：括号内数字为统计年份；MMb—百万桶；Bcf—十亿立方英尺。

大多数克拉通盆地都已经历了漫长的地质年代(150~770Ma),通常一个沉积盆地沉降接受沉积的时间越长,产生生油岩、储层及有效盖层条件的良好组合的机会就越多。长期发育的克拉通盆地,常包含多套生油岩、多套储层及多种圈闭类型。多组油层和叠合储层是克拉通盆地油田的重要特征。盆地的年代太新,其中的生油岩尚未成熟;盆地年代太老,储层孔隙可能已被破坏,断裂作用可能已使油气层分隔,油气漏失或再运移,以及发生相应的油气吸附、泄漏和破坏等。

总体来看,古生代的克拉通盆地,如果位于稳定地台区,其沉降速度慢、沉积厚度薄、油气远景差,一些典型例子如北美哈得孙盆地,南美亚马孙盆地、巴拉那盆地,欧洲莫斯科盆地等;而位于稳定区边缘,沉降时间长的多旋回沉积盆地,油气远景较好,例如美国密歇根盆地、伊利诺伊盆地,北非伊利兹盆地和我国的四川盆地等。中生代的克拉通盆地,若无下伏裂谷,有古老基底的盆地未发现工业油气流,例如中非、南美、澳大利亚等大型盆地;而有年轻基底的盆地具有工业油气流,如巴黎盆地;若有下伏裂谷,在克拉通坳陷盆地中,前期裂陷-后期拗陷的组合富集的油气最多,例如西西伯利亚盆地。

2. 烃源岩

烃源岩大多是在克拉通最大海泛期形成的。粗粒硅质碎屑在大陆盆地浅水区沉积,同时有机质在深水区缺氧(或最小氧化)环境中沉积。此外,发育在地堑中的湖相泥岩,通常作为生油岩存在于克拉通盆地较深且未经钻探的部位(表1-2)。

表1-2 全球主要克拉通含油气盆地的烃源岩特征(朱伟林等,2014)

烃源岩时代	盆地名称	烃源岩	干酪根类型	主要储层	主要成熟阶段
K_2	西西伯利亚盆地(北部)	Pokur组(阿尔布阶—赛诺曼阶),陆相碎屑岩	Ⅱ,煤	阿尔布阶—赛诺曼阶	未成熟
J_3	西西伯利亚盆地	Bazhenov组海相硅质页岩和碳酸盐岩	Ⅱ	赛诺曼阶三角洲砂岩	晚白垩世—古近纪
C_2—T	滨里海盆地	石炭系—下二叠统盆地相、海相页岩和碳酸盐岩	Ⅱ	石炭系—下二叠统	晚二叠世—三叠纪
	四川盆地	二叠系陆相碎屑岩	Ⅱ	二叠系—下三叠统碳酸盐岩	白垩纪
D—C_1	密歇根盆地 伊利诺伊盆地 威利斯顿盆地	New Albany组页岩,Antrim组页岩,Bakken组	Ⅱ	泥盆系—石炭系砂岩和碳酸盐岩	晚白垩世—古近纪
	伊利兹盆地	泥盆系海相页岩	Ⅱ	泥盆系—石炭系砂岩	白垩纪
S	密歇根盆地	Niagara组礁外相碳酸盐岩	Ⅱ	志留系碳酸盐岩	晚白垩世—古近纪

二、裂谷盆地

裂谷盆地是极其重要的含油气盆地,在全球范围内分布广泛,油气储量丰富。裂谷盆地的大油气田主要分布于非洲的锡尔特盆地、阿布加拉迪盆地、苏伊士湾盆地,欧洲的西北部北海盆地、东北德国-波兰盆地、第聂伯-顿涅茨盆地、阿基坦盆地、东爱尔兰海盆地,亚洲的松辽盆地、渤海湾盆地、库泰盆地等(图1-4)。多数裂谷盆地不仅有大油气田,而且油气储量集中,总石油储量达到 $500×10^{15}$ 桶,天然气储量可达 $8.5×10^{10} m^3$。时代分布上,欧洲含油气裂谷盆地主要发育于二叠纪—三叠纪,非洲主要发育于侏罗纪—白垩纪,亚洲主要发育于古近纪—新近纪(表1-3)。

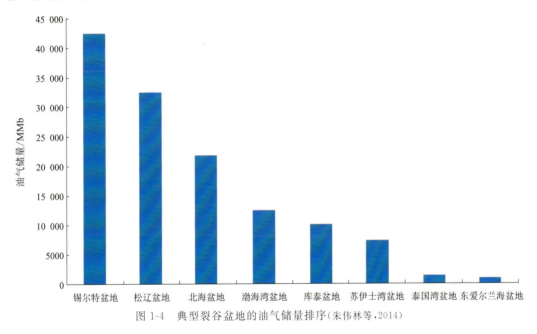

图1-4 典型裂谷盆地的油气储量排序(朱伟林等,2014)

表1-3 全球主要裂谷盆地烃源岩和储层(修改自朱伟林等,2014)

盆地名称	面积/km²	主要烃源岩	主要储层	所在地
北海盆地 (North Sea Basin)	240 861	J页岩	J_3、K_1、E砂岩	欧洲
锡尔特盆地 (Sirte Basin)	502 412	K页岩和灰岩	K_1砂岩、K_2灰岩和E灰岩	非洲
东北德国盆地 (Northeast German Basin)	135 358	J碳酸盐岩	N_1砂岩、灰岩	欧洲
东巴伦支海盆地 (East Barents Basin)	535 428	T页岩	J_{2-3}砂岩	欧洲

续表 1-3

盆地名称	面积/km²	主要烃源岩	主要储层	所在地
马来盆地 （Malay Basin）	128 240	N、E 煤、页岩	N、E 煤、页岩	亚洲
第聂伯-顿涅茨盆地 （Dnieper-Donets Basin）	156 670	K 白云岩	C 砂岩	欧洲
库泰盆地 （Kutei Basin）	204 722	N、E 泥页岩、灰岩、煤	N、E 泥页岩、灰岩、煤	亚洲
苏伊士湾盆地 （Gulf of Suez Basin）	25 909	K 灰岩和古近系灰岩	N_1 砂岩	非洲
东纳土纳盆地 （East Natuna Basin）	71 689	N、E 页岩、碳质页岩、煤	N、E 页岩、碳质页岩、煤	亚洲
吉普斯兰盆地 （Gippsland Basin）		K_2 白云岩	N 砂岩	澳大利亚
九龙盆地 （Cuu Long Basin）	64 272	E、N 泥岩、页岩、煤	E、N 泥岩、页岩、煤	亚洲
泰国湾盆地 （Gulf of Thailand Basin）	216 639	N、E 煤	N、E 煤	亚洲
阿基坦盆地 （Aquitaine Basin）	133 908	J_3 碳酸盐岩	J_3-K_1 碳酸盐岩	欧洲
莫尔盆地 （More Basin）	72 599	J_{2-3} 泥岩	E_1 砂岩	欧洲
雷康卡沃盆地 （Reconcavo Basin）	9648	K_1 页岩	K_1 砂岩	南美洲
穆格莱德盆地 （Muglad Basin）	278 495	K_1 页岩	K_1 砂岩、E_1 砂岩	非洲
阿布加拉迪盆地 （Abu Gharadig Basin）	23 593	J_2 页岩、K_2 页岩	J_2、K_2 砂岩	非洲
东爱尔兰海盆地 （East Irish Sea Basin）	11 478	C 页岩	T_1、P 砂岩	欧洲
西纳土纳盆地 （West Natuna Basin）	95 507	N、E 泥岩、煤	N、E 泥岩、煤	亚洲

续表1-3

盆地名称	面积/km²	主要烃源岩	主要储层	所在地
莫塔玛盆地 (Moattama Basin)	85 290	E_2-N_1页岩	E_2-N_1页岩	亚洲
大打拉根盆地 (Greater Tarakan Basin)	53 158	N、E页岩、泥岩、煤	N、E页岩、泥岩、煤	亚洲
多巴盆地 (Doba Basin)	35 906	K_1页岩	K_1砂岩	亚洲
红海盆地 (Red Sea Basin)	468 642	N_1页岩	N_1砂岩、盐岩	非洲
彭世洛盆地 (Phitsanulok Basin)	26 831	N、E泥岩、含煤黏土岩	N、E泥岩、含煤黏土岩	亚洲
凯尔特海盆地 (Celtic Sea Basin)	50 355	J_1、J_3泥岩	J_3、K_1砂岩	欧洲
高韦里盆地 (Cauvery Basin)	103 825	J_3-Q黏土岩、藻灰岩	J_3-Q黏土岩、藻灰岩	亚洲
卡塔拉诺-巴利阿里盆地 (Catalano-Balearic Basin)	41 828	N_1泥灰岩	M_2碳酸盐岩	欧洲
西北爱尔兰盆地 (Northwest Ireland Basin)	14 379	C_3泥岩，C_2煤层	T砂岩	欧洲
波丘派恩盆地 (Porcupine Basin)	44 979	J_3泥岩	K_1、J碎屑岩	欧洲
呵叻高原盆地 (Khorat Plateau Basin)	224 970	D-K页岩、煤、泥岩	D-K页岩、煤、泥岩	亚洲
乍得盆地 (Chad Basin)	1 039 643	K_2页岩	K砂岩、古新统砂岩	非洲
阿南布拉盆地 (Anambra Basin)	40 482	K_2页岩	K_2砂岩	非洲
上莱茵地堑 (Upper Rhine Graben)	15 162	E_{2-3}、J_1页岩	E_2砂岩、碳酸盐岩	欧洲
均迪盆地 (Gindi Basin)	11 218	J_2页岩、K_2灰岩	J_2砂岩、K_2砂岩和灰岩	非洲

续表1-3

盆地名称	面积/km²	主要烃源岩	主要储层	所在地
东非裂谷西支 (East African Rift System Western Branch)	147 782	J_2 页岩	N_1 砂岩	非洲
罗科尔岛盆地 (Rockall Basin)	309 309	J、C_3 泥岩	E_1 砂岩	欧洲
盛港盆地 (Sengkang Basin)	12 265	N_1 泥岩	N_1 泥岩	亚洲
邦戈尔盆地 (Bongor Basin)	23 604	K_1 页岩	K_2 砂岩	非洲
安扎盆地 (Anza Basin)	70 414	K 页岩	K_1、C_2 砂岩	非洲
喀土穆盆地 (Khartoum Basin)	299 018	K_1 页岩	K_1、K_2 砂岩	非洲
萨拉马特盆地 (Salamat Basin)	19 877	K_1 页岩	K 砂岩	非洲

1. 石油地质特征

裂谷盆地的石油地质特征(图1-5)主要表现为:①沉积物堆积速度快;②下部常是碎屑岩和火山岩,上部是很厚的含盐层和海相(陆相)碎屑岩;③湖相页岩和泥灰岩常常构成重要烃源岩;④热流值较高,有利于被埋藏的有机质加速演化成烃;⑤在裂谷期构造中,油气被限制在裂谷盆地中心和边缘;⑥主要油气聚集带分布在地垒型隆起、构造断阶基岩单斜断块上,油气以垂向运移为主。

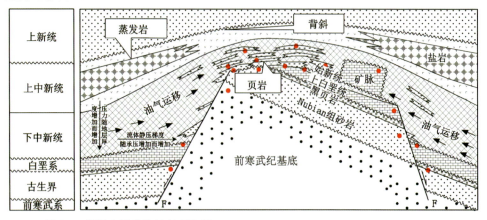

图1-5 苏伊士湾盆地油气系统图(修改自O'Connor and Kanes,1984;Alsharhan,2003)

2. 烃源岩

裂谷盆地的烃源岩形成于盆地发育的主要时期,该时期热流背景值较高、有机质成烃条件优越。因此,裂谷盆地的烃源岩具有厚度大、丰度高、分布广、类型多的特点,从寒武系到古近系均有分布,岩性以泥岩、页岩和碳酸盐岩为主(表1-3),油气系统以深陷湖相或海相沉积为生烃中心(图1-6)。

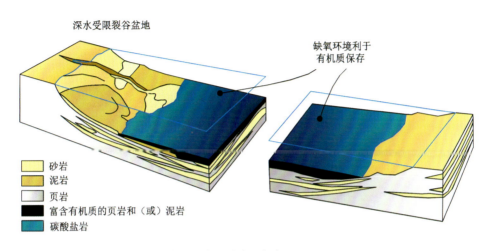

图1-6 裂谷盆地内烃源岩的形成和保存(修改自 Kendall et al.,2009)

三、被动大陆边缘盆地

被动大陆边缘盆地沿被动大陆边缘广泛分布,是重要的含油气盆地类型之一。一些典型的盆地包括北大西洋沿岸巴尔的摩盆地,南大西洋沿岸坎普斯、尼日尔三角洲、加蓬、下刚果、宽扎等盆地,墨西哥沿岸盆地以及澳大利亚西北大陆架等。

1. 石油地质特征

被动大陆边缘盆地可分为两大类:现今被动大陆边缘盆地和古被动大陆边缘盆地(朱伟林等,2014)。现今被动大陆边缘盆地的油气储量主要集中在几个含油气盆地中,主要包括:澳大利亚西北缘盆地、东南亚巽他盆地东部、印度克里希纳-戈达瓦里盆地、尼日尔三角洲、下刚果盆地、加蓬盆地、北非尼罗河三角洲、南美洲东部坎普斯盆地与桑托斯盆地、墨西哥湾深水区及其相邻地区。古被动大陆边缘盆地并不具备现今被动大陆边缘盆地的全部要素,仅强调其主要含油气系统在沉积时的原型盆地处于被动大陆边缘。被动大陆边缘盆地的地温梯度较高,烃源岩因局部的热异常而造成早熟。厚度巨大的后裂谷期沉积,有利于裂谷期烃源岩的热成熟。

2. 烃源岩

全球大西洋型被动大陆边缘盆地的烃源岩可分为四类。

一类烃源岩:主要发育在被动大陆边缘盆地同裂谷期的湖相页岩中。同裂谷阶段(活动裂谷阶段)发育高角度正断层和深而窄的湖盆,由于内陆隆升,陆源碎屑输入持续增多,湖盆逐渐由开阔环境转变为半封闭-封闭环境,湖盆底部可能是完全缺氧的环境。封闭缺氧的环境以及优越的古气候、古地形条件,使沉积物中丰富的有机质得以保存。例如巴西坎普斯盆地,同裂谷沉积 Lagoa Feia 组的 Buracica/Jiquia 湖相页岩,TOC(总有机碳)大于5%,Ⅰ-Ⅱ型干酪根烃产率为7~50kg/t。

二类烃源岩:主要发育于漂移早期。被动大陆边缘盆地的烃源岩为海岸沼泽环境和浅海环境下沉积的近海相地层。漂移时期,断层活动趋于平静,以Ⅱ型干酪根为主。漂移期沉积物中含有多段烃源岩和多个储-盖组合,油气探明储量高。漂移期沉积有利于同期裂谷烃源岩的成熟,本身也含有重要的储-盖组合,包括在河流三角洲、滨岸沼泽、浅海及半封闭环境中沉积的页岩、泥灰岩、介壳灰岩等。例如澳大利亚西北缘卡纳尔文盆地,其中—下侏罗统的 Athol Dingo 泥岩,是一套河流-浅海相沉积,源岩母质为海相陆源有机质,干酪根为Ⅲ型,是以生气和凝析油为主的烃源岩。

三类烃源岩:主要发育于漂移晚期。此类烃源岩为海相页岩及陆架三角洲沉积,TOC 小于1%。Ⅲ型干酪根,为海相陆源有机质,通常埋藏浅,未成熟,仅在深层有生气潜力。

四类烃源岩:属推测性烃源岩,尚未得到钻探证实,但从构造、沉积特征综合分析,推测属于好—很好的烃源岩。

四、前陆盆地

前陆盆地是大陆岩石圈上地壳加载引起挠曲变形而形成的边缘坳陷盆地,可进一步细分为周缘前陆盆地、弧后前陆盆地和再生前陆盆地。前陆盆地的分布主要受造山带的控制,例如全球范围的几条大的造山带,包括晚古生代海西-阿巴拉契亚造山带、乌拉尔造山带以及冈瓦纳南缘造山带和中新生代阿尔卑斯-喜马拉雅造山带、科迪勒拉造山带。前陆盆地的分布与这些造山带分布一致,呈平行带状分布。前陆盆地之前主要接受被动大陆边缘的沉积,以碳酸盐岩沉积为主,夹部分碎屑岩沉积,进入前陆盆地期主要为碎屑岩沉积。

1. 石油地质特征

前陆盆地是油气资源最丰富的含油气盆地类型之一,扎格罗斯盆地是其中的突出代表,油气资源最丰富,约占整个前陆盆地油气储量的27%。富油气潜力前陆盆地主要分布于3个地区:①美洲科迪勒拉地区,主要的盆地有艾伯塔盆地、落基山盆地群、东委内瑞拉盆地、阿拉斯加北坡盆地、马拉开波盆地等;②阿尔卑斯-喜马拉雅中段,主要包括扎格罗斯盆地、南里海盆地等;③乌拉尔地区,典型代表为伏尔加-乌拉尔盆地和季曼-伯朝拉盆地。

2. 烃源岩

前陆盆地的烃源岩包括了前陆盆地期和前陆盆地期之前形成的两套地层,全球重要含油气前陆盆地不同时代烃源岩分布见图1-7,不同前陆盆地烃源岩特征见表1-4。

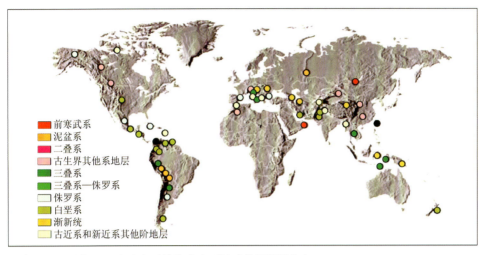

图 1-7 全球主要前陆盆地不同时代烃源岩分布（修改自 Cooper，2007）

表 1-4 全球主要前陆盆地烃源岩特征列表（朱伟林等，2014）

盆地	烃源岩	烃源岩干酪根类型和质量
艾伯塔盆地	泥盆系 Duvernay 组	Ⅱ型，TOC 最高 17%
	密西西比亚系 Exshaw 组	Ⅱ型，TOC 最高 20%
	三叠系 Doig 组	Ⅱ型，TOC 最高 23%
	侏罗系 Nordegg 组	Ⅱ型，TOC 最高 33%
	白垩系煤层	煤层甲烷
	白垩系页岩	
	White Speckled 组页岩	Ⅱ/Ⅲ型，TOC 最高 13%
扎格罗斯盆地	寒武系	Ⅱ型，TOC 含量是变化的
	志留系	Ⅱ型，TOC 含量是变化的
	侏罗系—白垩系(6层)	Ⅱ型，TOC 含量是变化的
	古新统—始新统(少量)	Ⅱ型，TOC 含量是变化的
东委内瑞拉盆地	上白垩统 Querecual 组和 San Antonio 组	Ⅱ型，TOC 最高 6.6%
	渐新统(可能的烃源岩)	
	中新统(可能的烃源岩)	
阿拉斯加北坡盆地	三叠系 Shublik 组	Ⅱ/Ⅲ型，TOC 最高 7%，平均 2%
	侏罗系—白垩系最下面的 Kingak 组页岩和相对的层段	Ⅱ/Ⅲ型，TOC 最高 6%，平均 1.8%
	欧特里夫阶—巴雷姆阶砾状页岩段	Ⅱ/Ⅲ型，TOC 最高 6%，平均 2.5%
	阿普特阶(?)—阿尔布阶 Torok 组	Ⅱ/Ⅲ型，TOC 最高 6%，平均 1%
	阿普特阶—马斯特里赫特阶 Hue 组页岩	Ⅱ型，TOC 最高 12%，平均 4%
	阿尔布阶—渐新统(?)Canning 组	Ⅲ型，TOC 最高 6%，平均 1.5%

续表 1-4

盆地	烃源岩时代	烃源岩干酪根类型和质量
美国落基山盆地	土伦阶 Greenborn 组韵律层	Ⅱ 型，TOC 最高 10%
	上白垩统煤层	Ⅲ 型，煤层甲烷
	上白垩统 Mancos 组、Lewis 组和 Pierre 组页岩	Ⅱ 和 Ⅲ 型，TOC 为 0.5%~2%
	始新统湖相沉积	Ⅱ 和 Ⅲ 型，TOC 最高 21%
	二叠系 Phoshoria 组	Ⅱ 型，TOC 最高 12%
	宾夕法尼亚亚系和密西西比亚系页岩	Ⅱ 型，TOC 最高 10%
美国沃希托盆地	下古生界 Woodford 组和 Chattanooga 组海相页岩	海相页岩
	宾夕法尼亚亚系海相页岩	

第三节 烃源岩基本特征

烃源岩是沉积盆地形成油气聚集的必备条件，一些经典的定义认为可能产生或已经产生石油的岩石叫作生油岩(Tissot and Welte，1984)，或者将其定义为曾经产生并排出了足以形成工业性油气聚集的烃类的细粒沉积(Hunt，1986)。烃源岩主要是指低能带富含有机质的暗色泥(页)岩和碳酸盐岩沉积(蒋有录和查明，2006)，并以泥(页)岩为主(宋芊和金之钧，2000)。根据有机质的类型，烃源岩可分为Ⅰ型、Ⅱ型、Ⅲ型干酪根烃源岩和煤系烃源岩。

烃源岩是控制大油气田分布的关键因素，本节将从烃源岩的分布、沉积构造环境、地球化学特征等方面介绍全球烃源岩发育特征，以及烃源岩与大油气田分布的控制关系。

一、分布特征

要确定油气资源对应的烃源岩分布特征，需进行油源对比，可以采用的石油地球化学指标包括正构烷烃分布特征、碳同位素组成、生物标志化合物等。

1. 地层分布

通过油源对比可知，全球范围内大油气田的烃源岩主要来自 6 套地层段(图 1-8)，分别为：志留系、上泥盆统—杜内阶、宾夕法尼亚亚系—下二叠统、上侏罗统、阿普特阶—土伦阶和渐新统—中新统(Klemme and Ulmishek，1991)。这 6 套地层时段加起来仅占显生宙的 1/3，但其中分布的烃源岩却生成了全球 91.5% 的油气资源。具体到每个地层段生成的油气占比分别为：志留系 9%、上泥盆统—杜内阶 8%、宾夕法尼亚亚系—下二叠统 8%、上侏罗统 25%、阿普特阶—土伦阶 29%、渐新统—中新统 12.5%。

第一章 全球含油气盆地与烃源岩

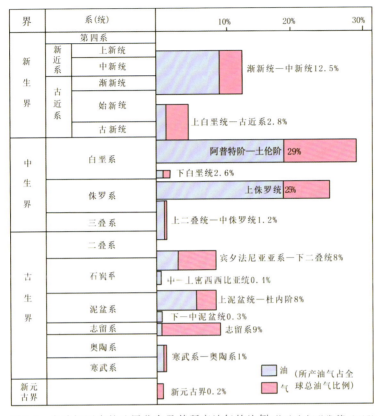

图 1-8 全球烃源岩的地层分布及其所产油气的比例(修改自何登发等,2015)

观察烃源岩初始沉积时的面积,这 6 套地层未显示出明显的规律性,即地层由老到新,未见烃源岩面积的显著增加或减少,但地层越老,烃源岩沉积之后被破坏的量越多(图 1-9)。

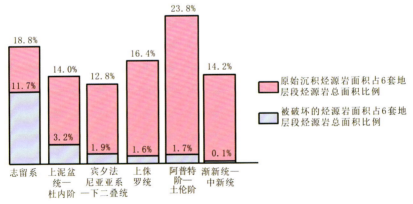

图 1-9 全球 6 套主要地层烃源岩面积比例(修改自何登发等,2015)

2. 古纬度

从古纬度分布来看,这 6 套主要地层段的烃源岩中,59.3%沉积时位于古纬度 0°～45°之间,此外,这一古纬度区间还贡献了 78.8%油气资源(图 1-10)。这是由于中低纬度地区气候温暖湿润，有利于生物的生存和有机质的沉积，从而利于烃源岩的发育(Grunau，1983)。观察不同类型的干酪根，可发现低纬度地区Ⅰ型和Ⅱ型干酪根烃源岩具明显的高效性，推测与碳酸盐岩储层和蒸发岩区域盖层的广泛发育有关。

Ⅰ型和Ⅱ型
干酪根烃源岩
38.7%
68.4%
17.6%
12.5%
古纬度0°～45°
古纬度45°～90°
Ⅲ型干酪根烃源岩
和煤系烃源岩
20.6%
10.4%
23.1%
8.7%
古纬度0°～45°
古纬度45°～90°
烃源岩面积占6套地层
段烃源岩总面积比例
所产油气占6套地层
段所产总油气比例

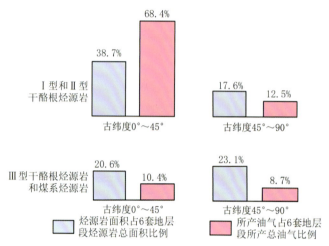

图 1-10　全球 6 套主要地层烃源岩古纬度分布面积比(修改自 Klemme and Ulmishek，1991)

Ⅰ型和Ⅱ型干酪根烃源岩主要分布于低纬度地区(图 1-11)。Ⅲ型干酪根烃源岩和煤系烃源岩分布则与Ⅰ型和Ⅱ型有所不同，新生代以前，其在高纬度地区的分布要广于低纬度地区，在渐新世—中新世发生明显转折，分布以低纬度为主，推测这一转折与有机质来源有关。

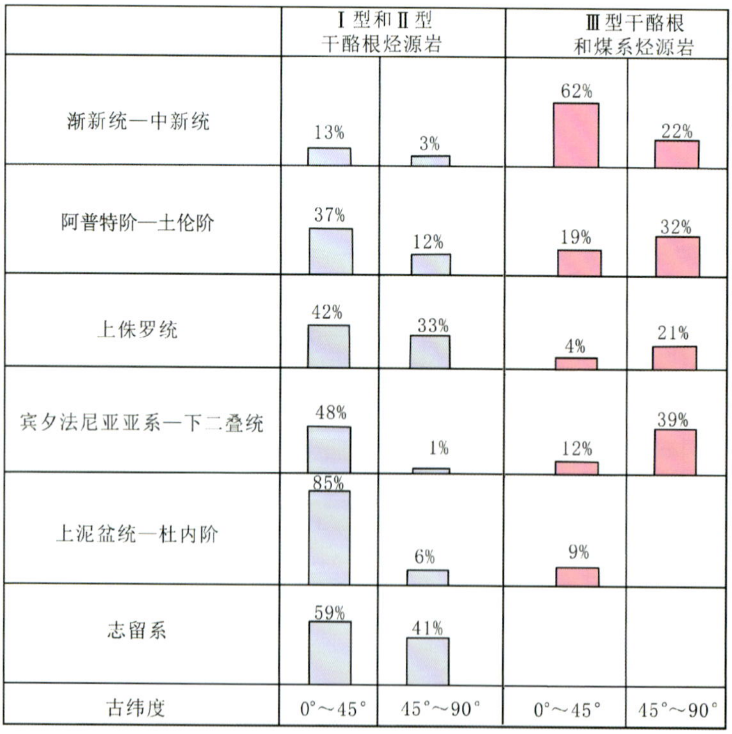

Ⅰ型和Ⅱ型
干酪根烃源岩
Ⅲ型干酪根
和煤系烃源岩
渐新统—中新统
13%
3%
62%
22%
阿普特阶—土伦阶
37%
12%
19%
32%
上侏罗统
42%
33%
4%
21%
宾夕法尼亚亚系—下二叠统
48%
1%
12%
39%
上泥盆统—杜内阶
85%
6%
9%
志留系
59%
41%
古纬度
0°～45°
45°～90°
0°～45°
45°～90°

图 1-11　全球 6 套主要地层烃源岩类型古纬度分布(修改自 Klemme and Ulmishek，1991)

3. 现今地理

将不同时代的主要烃源岩映射到现代地图上,可发现各时代烃源岩的分布具有明显的不均匀性(图1-12)。中生界烃源岩展布范围最广,主要见于西西伯利亚盆地、中东、南北美、西非以及北美等地区;新生界和古生界的烃源岩分布次之,其中新生界烃源岩主要见于东南亚、西欧、红海盆地以及中国的渤海湾盆地等,古生界则主要在乌拉尔前陆盆地带、中东、北美、塔里木盆地以及伊罗曼加盆地等;前寒武系烃源岩分布最为局限,主要在东西伯利亚盆地。

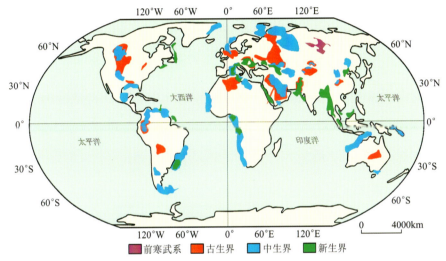

图1-12 全球不同地质时代的烃源岩在现今地理上的分布(何登发等,2015)

烃源岩富集区对应有四大油气域(图1-13):特提斯域、北方欧亚域、南方冈瓦纳域和太平洋域。

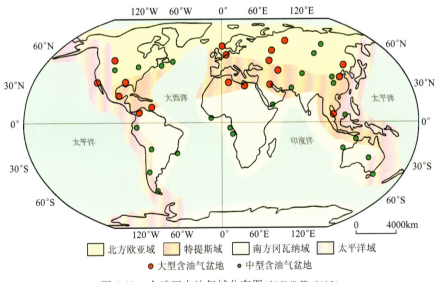

图1-13 全球四大油气域分布图(何登发等,2015)

特提斯域面积仅占四大油气域总面积的17%,而油气储量却占世界的68%,其中丰富的烃源岩起到至关重要的作用。原因之一在于低纬度地区沉积的Ⅱ型干酪根烃源岩具高效性;其二为广泛发育的碳酸盐岩储层、蒸发岩盖层和大地构造活动创造有利的烃源岩沉积条件,原特提斯洋、古特提斯洋和新特提斯洋连续地张开与闭合,形成了裂谷和坳陷,有利于闭塞盆地的形成和烃源岩的沉积。

北方欧亚域面积占28%,油气储量占23%,是全球烃源岩第二大富集区。其油气资源主要来自两部分,一部分来自古生界,主要与古低纬度台地上沉积的上泥盆统—杜内阶烃源岩有关;另一部分则来自中生界,主要产自上侏罗统和白垩系的烃源岩。

南方冈瓦纳域面积占38%,油气储量占4%;太平洋域面积占17%,油气储量占5%。二者油气资源相对匮乏。南方冈瓦纳域油气资源主要集中在被动大陆边缘的裂谷盆地(中生代—古近纪)以及三角洲(新近纪),并且大都是产自Ⅰ型和Ⅲ型干酪根烃源岩的高蜡石油。太平洋域的油气资源主要见于三叠纪的裂谷、活动大陆边缘的三角洲和太平洋东缘造山带的前缘中。

二、发育环境

1. 盆地构造原型

烃源岩的形成受控于多种因素,构造演化阶段是其中一项重要影响因素,它可以控制烃源岩沉积时的地形、形成烃源岩的物质、沉积和沉降速率等。盆地构造原型是不同类型盆地的构造演化阶段的反映,用以来确定烃源岩的分布。经研究发现,有7种构造原型是烃源岩主要沉积场所,包括台地(Platform)、环状凹陷(Circular Sag)、线状凹陷(Linear Sag)、前渊(Foredeep)、裂谷(Rift)、半凹陷(Half Sag)和三角洲(Delta),其中在台地、环状凹陷和线状凹陷沉积的烃源岩提供的油气最多,占这6套地层所产总油气的77.7%(图1-14)。

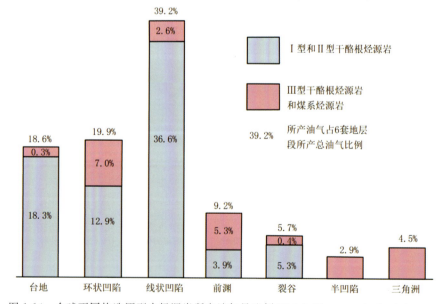

图1-14 全球不同构造原型中烃源岩所产油气量比例(修改自 Klemme and Ulmishek,1991)

志留系和上泥盆统—杜内阶烃源岩主要发育在台地；宾夕法尼亚亚系—下二叠统烃源岩主要发育在裂谷和前渊地带；到了中生代，则主要分布于环状凹陷和线状凹陷中；渐新统—中新统烃源岩可见于裂谷、前渊、三角洲和半凹陷中(图1-15)。

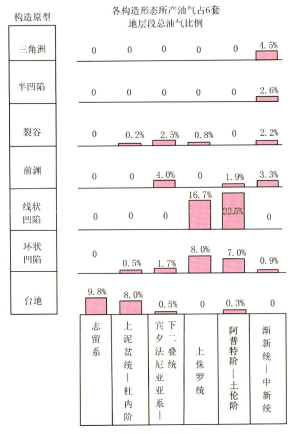

图1-15　全球6套地层烃源岩所对应的构造原型(修改自Klemme and Ulmishek，1991)

2. 沉积环境

烃源岩形成时，会受到沉积环境等诸多因素的影响，其中温暖的沉积环境有利于生物的生长和有机质的形成，海侵可以减少陆源沉积物的输入(图1-16)，闭塞、局限的沉积环境有利于有机质保存(图1-6)。

分析全球主要烃源岩与气候、海平面变化的对应关系(图1-17)，结果显示烃源岩主要形成于间冰期温暖气候和海侵期。进一步观察与海平面变化的对应关系，发现志留纪、晚泥盆世—杜内期、晚侏罗世和白垩纪中期的烃源岩沉积于广泛海进期，而海退期也有烃源岩的发育，主要有宾夕法尼亚亚纪—早二叠世以及渐新世—中新世的烃源岩。此外，在广泛海进期形成的烃源岩，其高峰期与海进发育的顶峰期并不重合，例如波斯湾地区上侏罗统烃源岩主要形成于提塘期，而海进顶峰期在牛津期—早钦莫利期。

闭塞、局限的水体环境由于缺氧，有机质较易富集与保存，有利于优质烃源岩的形成。这6套主要地层中的烃源岩以中—新生界居多，其典型沉积环境是半封闭-闭塞水体(图1-18)。

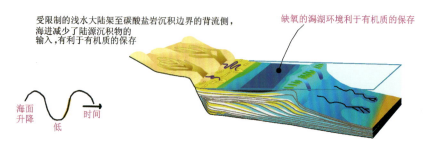

图 1-16 有利烃源岩沉积环境示意图

(修改自 Clauser,2009)

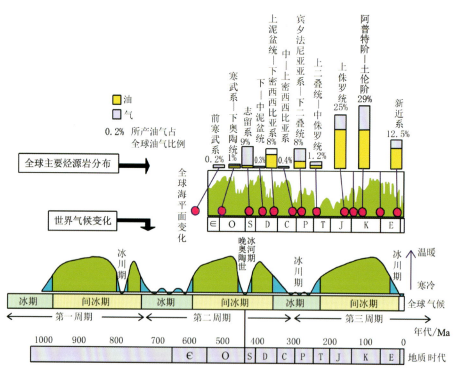

图 1-17 全球主要烃源岩地层分布与气候、海平面变化的对应关系

(修改自 Clauser,2009)

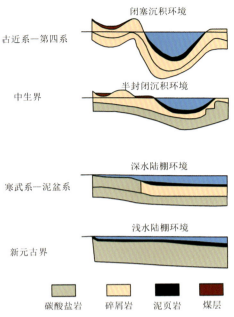

图 1-18　不同时代烃源岩典型发育环境(修改自何登发等,2015)

有机质可以保存在每相环境,包括浅海和深海,形成海相烃源岩;可以保存在沼泽环境形成煤系烃源岩;也可以在湖相环境中形成湖相烃源岩。全球范围内,浅海相烃源岩主要见于中东、南美、塔里木盆地、威利斯顿盆地以及卡纳封盆地等;深海相烃源岩主要分布在乌拉尔前陆盆地带、东西伯利亚盆地、北极、北海盆地以及北美等地区;湖相烃源岩主要在中国东部、西西伯利亚盆地以及西非等地区;煤系烃源岩主要在西西伯利亚盆地、东南亚、阿尔伯塔盆地以及伊罗曼加盆地等地区。从分布图看,海相烃源岩分布范围最广,湖相和煤系烃源岩相对局限(图 1-19)。

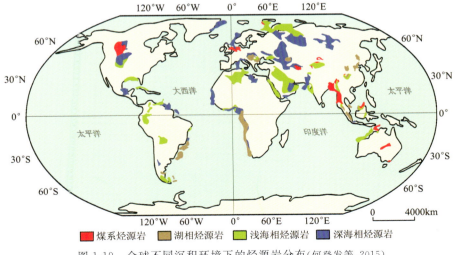

图 1-19　全球不同沉积环境下的烃源岩分布(何登发等,2015)

三、地球化学特征

1. 有机质类型

干酪根是烃源岩中沉积有机质的主体,可划分为 3 种主要类型:Ⅰ型干酪根以含类脂化合物为主,来自藻类沉积物,也可能是由各种有机质被细菌改造而成,生油潜能大;Ⅱ型干酪根含氢量较高,主要来源于海相浮游生物和微生物,生油潜能中等;Ⅲ型干酪根具低氢、高氧,来源于陆地高等植物,生油潜力弱,以生气为主。此外,煤也可以生成油气。

古生代早期,烃源岩中有机质基本上是海相的,发育Ⅰ型和Ⅱ型干酪根烃源岩。进入晚古生代,从杜内期开始,Ⅲ型干酪根烃源岩和煤系烃源岩开始出现并扩大,对应烃源岩的有效性也在逐渐增大。到中生代三叠纪时,烃源岩中有机质以陆源为主。Ⅲ型干酪根烃源岩和煤系烃源岩在新生代渐新世—中新世的有效性达到最高(图 1-20)。

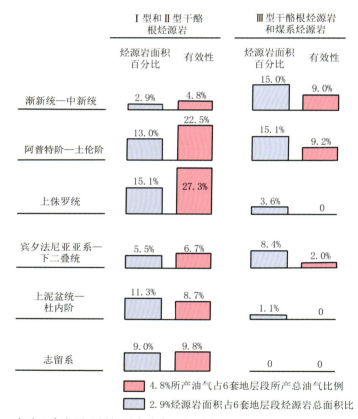

图 1-20　全球 6 套主要地层烃源岩分类面积百分比(修改自 Klemme and Ulmishek,1991)

不同类型烃源岩所产油、气的数量显示(图 1-21),Ⅰ型和Ⅱ型干酪根烃源岩以生油为主(志留系例外);Ⅲ型干酪根烃源岩和煤系烃源岩以生气为主,但进入新生代后,生油量还在增多,特别是在渐新世—中新世,其生油量高于生气量。Ⅱ型干酪根烃源岩是全球油气的主要来源,贡献了 6 套地层所产油气总量的近 79%。

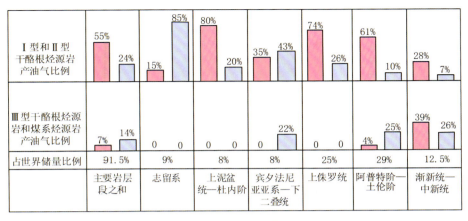

图 1-21　全球 6 套主要地层烃源岩所产油气比例(修改自 Klemme and Ulmishek,1991)

2. 烃源岩成熟期

烃源岩除了分布不均衡外,在地质史中的成熟速率也不均衡。从全球主要烃源岩生烃高峰的分布面积来说,以中—新生代为主,古生代次之。新生代成熟烃源岩主要分布于中东、东南亚、北海、北美、南美以及西非等地区;中生代成熟烃源岩主要在西西伯利亚盆地、中东、北美、西非、中国东部以及澳大利亚等地区分布;古生代成熟烃源岩主要发现于东西伯利亚盆地、塔里木盆地以及乌拉尔前陆盆地带等地区(图 1-22)。

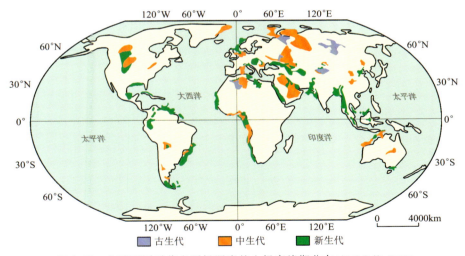

图 1-22　全球不同时代主要烃源岩的生烃高峰期分布(何登发等,2015)

四、发育控制因素

烃源岩的全球时空分布显示出明显的不均匀性,表明烃源岩的发育受到一系列诸如构造、气候、海平面及生物等因素的共同控制。

板块构造决定了含油气盆地的发育背景,制约了盆地的类型、沉积充填、构造变形及其最终的结构状态。地幔柱的活动可以显著影响盆地的构造演化以及烃源岩的热演化(朱传庆等,2010),控制烃源岩的发育和油气的生成(图 1-23)。例如中—新生代,地幔柱活动频繁(Abbot and Isley,2002a),有大量营养物质生成(Von Damm,1990),有利于生物的勃发(Condie,2004),同时地幔柱活动排出大量气体,如 CO_2 等,导致海洋形成缺氧环境,富含有机质的黑色页岩和烃类能够大量发育并得到保存(Schlanger and Jenkyns,1976)。

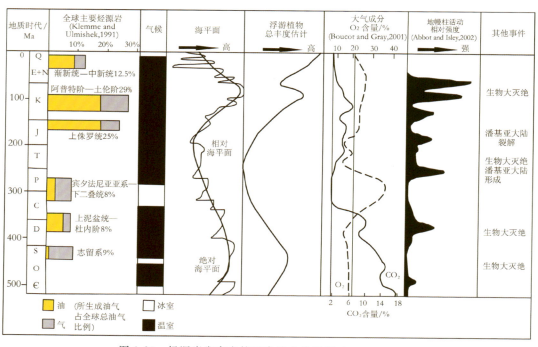

图 1-23　烃源岩发育主控因素综合分析图(何登发等,2015)

前寒武纪到奥陶纪,气候相对寒冷,生物演化尚处于初期阶段,形成的烃源岩较少。奥陶纪生物大灭绝之后,志留纪气候温暖,海平面较高,海洋生物如笔石、牙形石、珊瑚等大量发育,有利于黑色页岩的发育。泥盆纪海平面和全球温度略有下降,但该时期内存在多次缺氧事件(Bond and Wignall,2005),以及涌升流在全球多个地区发育,二者均有利于烃源岩发育。宾夕法尼亚亚纪—早二叠世,全球气候寒冷并伴随有大幅度的海退,但全球森林和沼泽发育广泛,使得该时期的烃源岩主要为 II 型干酪根烃源岩和煤系烃源岩,以生气为主。晚二叠世—三叠纪,潘基亚超大陆的形成造成了海平面下降,气候变冷(Frakes and Bolton,1992),不利于烃源岩的形成,使得三叠系烃源岩很少发育。侏罗纪—白垩纪,全球气候变暖,海平面升高,浮游植物大量繁殖,海侵为沉积物提供了足够的沉积空间,缺氧事件和涌升流的出现使得海洋沉积物中有机质含量变高(Pearce,2008);同时潘基亚大陆裂解,现今海洋轮廓逐渐成形,火山作用范围广,大气中的 CO_2 含量显著增加,形成了白垩纪温室地球(黄清华等,1999)。白垩纪中期,海平面和浮游植物总丰度都达到了顶峰,此时形成的烃源岩也最为丰富。白垩纪末期生物大灭绝之后进入新生代,生物进入新的演化历程,浮游植物数量又开始增长,海平面波动,发育多次海侵-海退旋回,控制了浅海沉积物的形成,造成了渐新统—中新统烃源岩的富集。总体而言,晚古生代和晚新生代的烃源岩发育在气候寒冷、海平面低的时期,但是生物演化以及海水的波动为烃源岩形成提供了有利条件。其他4个时期的烃源岩主要形成于气候温暖、海平面高的时期。

大气圈组成成分的变化,对烃源岩的发育也有影响。研究表明(Boucot and Gray,2001),早古生代,大气含氧量较低,二氧化碳含量很高,烃源岩发育较差。进入志留纪之后,二氧化碳含量大幅下降,含氧量有所上升,有利于生物的发育,促进了烃源岩的形成。

五、油气控制作用

大油气田的发育是一系列因素综合作用的结果,本小节仅就烃源岩对大油气田分布的控制关系进行介绍。

分析6套地层对应烃源岩产油气所处储层的时代,观察烃源岩与油气资源在时代分布上的耦合关系(图1-24),总体来看,这6套地层所产的油气的分布特点是"源内聚集",有61.3%的油气储存在同时代的储层中。由于这6套地层的烃源岩生成了全球91.5%的油气资源,因而非常具有代表性,烃源岩与油气资源的时代分布是大体吻合的。

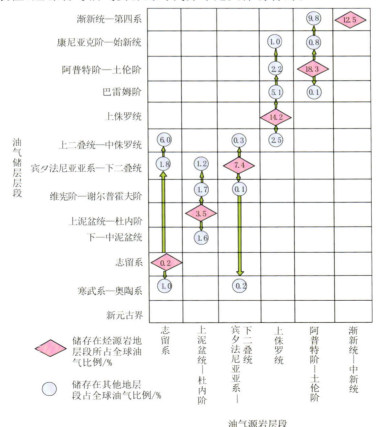

图1-24 全球6套主要地层烃源岩产出油气储层分布(修改自 Klemme and Ulmishek,1991)

分析全球主要烃源岩和大油气田的位置关系,观察烃源岩与大油气田在空间分布上的耦合关系,结果显示,大油气田的分布都遵从"源控论",与烃源岩的发育位置基本吻合(图1-25)。

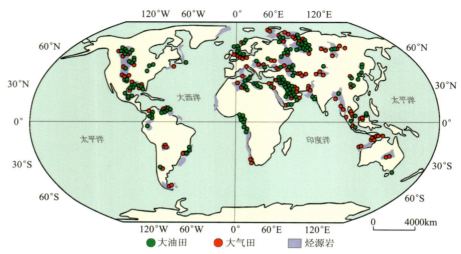

图1-25 全球主要烃源岩位置与大油气田分布图(何登发等,2015)

总结来看,全球大油气田的分布,无论是在时间上还是在空间上,都与烃源岩的分布基本吻合,烃源岩是控制大油气田分布的关键因素。

第四节 主要沉积体系

寻找新的含油气盆地必须首先寻找烃源岩,即油气的"源控"最重要。烃源岩是核心要素,而有机质丰度是其中的关键,控制着烃源岩的质量和油气的生成量。在不考虑保存的前提下,有机质丰度取决于当时生物的生长发育程度(即生产力),而生产力又会受到营养物质的浓度、环境温度、水体的清洁度和含盐度等因素的影响。如果将地区的范围扩大,例如在相似纬度的较大地区,温度、水体的清洁度和含盐度也是相似的,那生产力的差异主要来自于营养物质。对全球主要含油气盆地的研究结果显示,沉积盆地内生物生长所需的营养物质主要来源于河流,基于此,将全球油气划归于3个沉积体系,即河流-湖泊体系、河流-海湾体系、河流-三角洲体系。

一、河流-湖泊体系

陆地湖相烃源岩主要来源于湖泊中的藻类,藻类的生长和繁盛,在欠补偿沉积中,主要取决于湖水中的营养物质。我们知道大气降水中营养物质含量很低,湖水中的营养物质主要来源于河流,特别是源远流长的大河流。这类大河流流域广,流经地表溶解于河水中的矿物质多,汇入湖泊后有利于藻类的繁盛。现已发现的全球湖相含油气盆地主要有:松辽盆地、鄂尔多斯盆地、中苏门答腊盆地、艾伯特盆地、迈卢特盆地、坎普斯盆地等。这些盆地在烃源岩形成时,都有源远流长的大河流汇入,河水挟带泥沙在湖泊边缘形成三角洲,河水溶解的矿物质进入湖泊,促进裂谷期藻类的生长,为优质烃源岩的形成提供了保障。河流-湖泊体系是地球上陆相重要的含油领域。

二、河流-海湾体系

海湾是河流的入海口,可以看作一个大型湖泊。河流的注入给海湾带来大量的营养物质,由于海湾相对闭塞,与大洋交换受阻,海湾水体中的矿物质可以保持较高的浓度,使得藻类等水生生物在较长的时间里生长并大量繁殖;另外,海湾风浪小,也有利于有机质保存。因此沉积岩中有机质丰度高、类型好,能形成优质油源岩,河流-海湾体系是海相石油分布的主要场所。

河流汇入海湾时,可能在近岸处形成三角洲,一些高等植物可在此生长繁盛,并在死后发生腐泥化、丝质化而形成煤、碳质泥岩,是形成天然气的源岩。因此河流-海湾体系可呈现出近岸三角洲富气,近海湾中心富油的分布格局,墨西哥湾盆地便是这一分布格局的典型案例。

世界上大多数的海相含油盆地是靠近大陆的海湾盆地,如波斯湾盆地、西西伯利亚盆地、墨西哥湾盆地等,这些盆地在其烃源岩形成时期都是近岸的海湾型盆地。

波斯湾盆地是全球油气最富集的盆地,面积可达 350 万 km^2。盆地本身是一个狭长的海湾(图 1-26),西部、西北部是阿拉伯(Arabia)古陆,东南部、东北部是扎格罗斯(Zagros)陆地。源自阿拉伯古陆上的河流为波斯湾盆地带来了丰富的营养物质,使海湾中藻类繁盛,为优质烃源岩的形成创造了有利条件。油源岩总有机碳(TOC)含量为 0.5%~8.0%,干酪根类型为 II_1 型、I 型,有利于主烃。

西西伯利亚盆地是全球第二富油气的盆地,面积略小于波斯湾盆地,为 330 万 km^2。盆地呈南北走向,北部与北大西洋、北冰洋相连,东、西、南三面环陆,为西伯利亚板块的陆地,是典型的海湾盆地。在晚侏罗世,南部的古鄂毕河以及西部的古叶尼塞河注入海湾,带来了丰富的营养物质,藻类发育。沉积岩中 TOC 含量为 2.0%~40.0%,干酪根类型为 II_1 型、I 型。

三、河流-三角洲体系

煤型气由煤系烃源岩生成,属于天然气按成因分类的一种,是世界上分布最广、储量最多的天然气。大的煤型气区主要分布于河流-三角洲体系。河流,尤其是那些源远流长的河流,注入海口时在近岸处形成三角洲,河流携带的泥沙在此形成肥沃的土壤,加上温暖的气候,高等植物在此生长和繁盛。植物死亡后被埋藏发生腐殖化、凝胶化、泥炭化,形成了煤、碳质泥岩和暗色泥岩,也就是烃源地层,再经深埋后生成天然气(图 1-27)。此外三角洲地区的储层发育,储盖配置好,有利于天然气富集。因此,河流-三角洲体系所在地是煤型气分布的主要场所。

世界上多数产气区与三角洲伴生,例如尼罗河三角洲盆地、密西西比河三角洲盆地、南里海盆地、库泰盆地、北卡那封盆地、塔里木盆地、东海盆地、琼东南盆地等。

库泰盆地位于印度尼西亚,是一个以天然气为主的富油气盆地。盆地中优质烃源岩主要分布于马哈坎(Mahakam)三角洲附近,已发现的油气田也在三角洲附近(图 1-28)。烃源岩来自中新统煤、碳质泥岩和暗色泥岩,其中煤的 TOC 含量最高,为 50%~80%,碳质泥岩和泥岩的 TOC 含量次之,为 2%~10%,干酪根类型以 III 型为主。

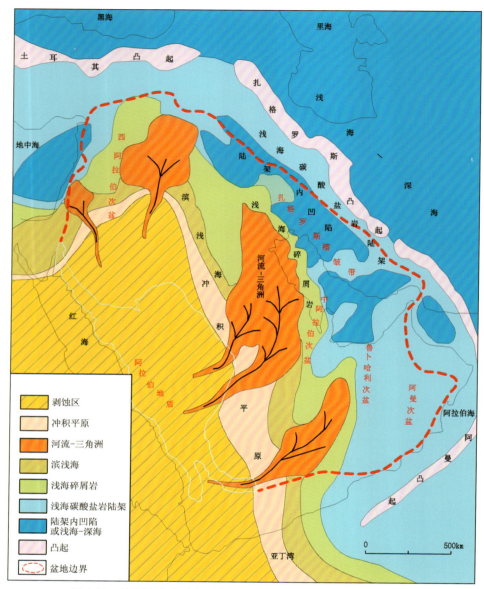

图 1-26 波斯湾盆地下白垩统沉积相分布图(修改自邓运华等,2021)

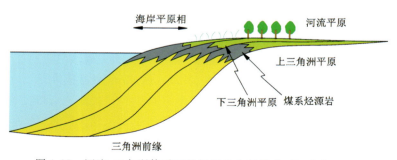

图 1-27 河流-三角洲体系下的烃源岩分布模式(邓运华等,2021)

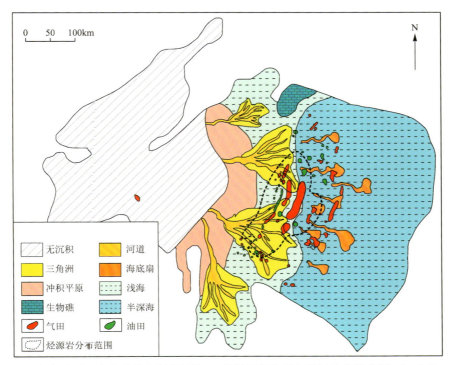

图 1-28 印度尼西亚库泰盆地中新统河流-三角洲沉积体系与油气分布叠合图(邓运华等,2021)

我国珠江口盆地的白云凹陷,是中国近海重要的天然气勘探开发区,其北部发育了渐新世三角洲,是由古珠江带来的碎屑物质形成的三角洲(图 1-29)。其煤系烃源岩 TOC 含量为 0.1%~80.8%,干酪根类型以Ⅲ型为主。

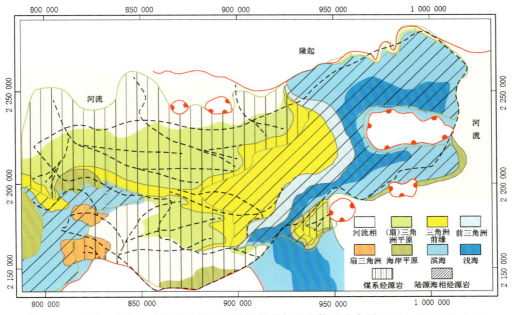

图 1-29 珠江口盆地白云凹陷恩平组上段烃源岩与沉积体系叠合图(修改自邓运华等,2021)

第二章

陆相湖泊泥(页)岩生烃理论及研究进展

我国以陆相油气田为主,陆相湖泊泥(页)岩生烃理论是我国石油地质学的特色,指导了中国的石油勘探,陆续发现了松辽盆地、渤海湾盆地、江汉盆地、苏北-南黄海盆地、北部湾盆地、珠江口盆地等中—新生代规模不等、成因各异的湖相油气藏和油气聚集带。随着石油勘探的持续深入,越来越多的石油在世界各地湖相盆地之中被发现,湖相生成的油约占世界已发现石油储量的30%。目前,世界上湖相含油盆地主要分布于中国的中东部、印度尼西亚的西部、非洲大陆的中南部及大西洋两岸。

陆相湖泊烃源岩有机质主要是湖生浮游生物和部分搬运来的陆源高等植物。岩石类型主要是泥(页)岩,处于强还原—还原、淡水—微咸水、弱酸性和弱水动力等沉积成岩环境,淡水是其最突出的特征,这就形成了陆相淡水湖泊泥岩生烃理论(秦建中等,2005)。

本章将围绕沉积环境、生烃机理和地质事件对有机质富集的影响,介绍近10年来的陆相湖泊泥(页)岩生烃理论及研究进展。

第一节 沉积环境

一、陆相湖泊类型

湖泊相是陆地上的汇水盆地和大量陆源碎屑物的最终沉积场所,其主要分布位于构造沉降强烈地带。湖相沉积物一般呈环带状分布,湖盆内部可进一步细分沉积亚相,由湖岸至湖中心依次为滨浅湖亚相(或三角洲亚相)、较深湖亚相和深湖亚相。其中较深湖亚相和深湖亚相是形成湖泊泥(页)岩烃源层的有利场所。在绝大多数湖盆中,洼槽或凹陷是烃源层评价和油气聚集的基本单元。

从陆相湖泊发育的规模和普遍性来说,构造成因的淡水湖泊尤为重要,湖盆以碎屑沉积为主,岩性、岩相和沉积厚度均变化很大,主要有中小型断陷型和大型拗陷型两类湖盆(图2-1)。

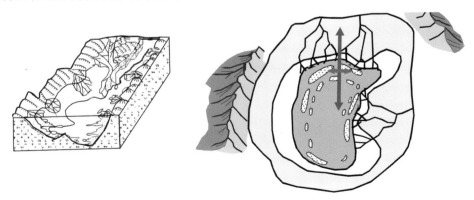

(a)陆相中小型断陷型湖盆　　(b)白垩纪大型拗陷型湖盆(以松辽盆地为例)

图2-1　陆相湖泊沉积模式图(秦建中等,2005)

中小型断陷型湖盆,以强烈的断陷作用为主,湖盆多呈现出不对称箕状型(祝玉衡等,2000),其沉积特点体现在陡侧沉积厚度大,水体深,是湖盆的沉积沉降中心,也是烃源层相对最厚和最好的部位(图2-2)。而缓侧斜坡区沉积厚度小,水体浅,地层横剖面表现为由陡侧向缓侧逐层减薄的楔状体,烃源层通常不发育(秦建中等,2005)。赵贤正等(2015)以二连盆地下白垩统为例,基于小型断陷湖盆烃源岩实测的TOC数据,研究了其有效烃源岩分布特征,结合构造背景,建立了小型断陷湖盆有效烃源岩3种分布模式(图2-2)。

(1)深洼型:小型断陷湖盆的边界断层规模大、活动性强,其深洼带宽度与盆地宽度比值大,有效烃源岩主要分布于深洼带[图2-2(a)]。

(2)近洼缓坡型:边界断层规模小、活动性弱,深洼带宽度与盆地宽度比值小,有效烃源岩主要分布于近洼缓坡带[图2-2(b)]。

(3)深洼—缓坡型:边界断层规模中等、活动性适中,深洼带宽度与盆地宽度比值适中,有效烃源岩在深洼带和近洼缓坡带均有分布[图2-2(c)]。

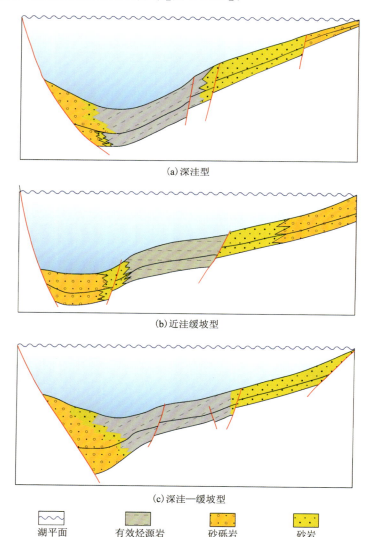

图2-2 小型断陷湖盆有效烃源岩分布模式(赵贤正等,2015)

大型拗陷型湖盆，以较均匀的整体升降构造活动为主，盆地面积大，地形平坦（图2-1）。湖盆边缘斜坡宽缓，中间无大型凸起分割（于兴河，2002）。大型拗陷型湖盆的沉积中心和沉降中心均位于湖盆中央，其沉积特征表现为由湖盆边缘向湖盆中心，沉积相规律变化，呈环带状分布，依次呈现出滨湖亚相（或三角洲亚相）、浅湖亚相、较深湖亚相和深湖亚相的变化规律，岩性由粗变细，颜色由红变黑，沉积厚度由薄变厚，烃源岩由差变好、由薄变厚。

拗-断或断-拗过渡型湖盆，兼有拗陷和断陷的性质，其沉积特征在断陷阶段表现为断陷湖盆的沉积特征，在拗陷阶段则表现为拗陷湖盆的沉积特征，具有二元结构，可发育两套或两套以上的烃源层岩。例如渤海湾盆地的黄河口凹陷，经历了始新世和渐新世两期断陷-断拗发展阶段，记录有两个沉积旋回（图2-3），每个沉积旋回都经历了断层活动弱→强→弱，湖水深度浅→深→浅，沉积物颗粒粗→细→粗的过程，由此形成了始新统中段（沙河街组三段）和渐新统中段（沙河街组一段、东营组三段）两套烃源岩，也就形成了多套生-储-盖组合，石油地质条件优越。

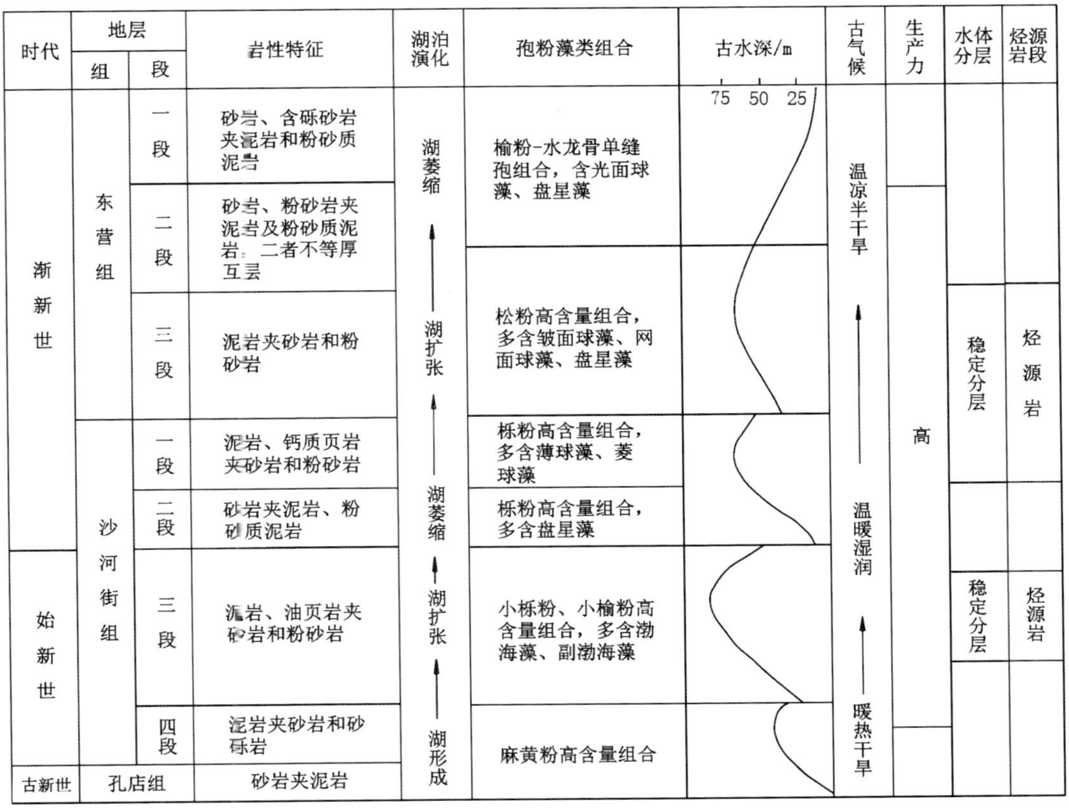

时代	地层		岩性特征	湖泊演化	孢粉藻类组合	古水深/m	古气候	生产力	水体分层	烃源岩段
	组	段				75 50 25				
渐新世	东营组	一段	砂岩、含砾砂岩夹泥岩和粉砂质泥岩	湖萎缩	榆粉-水龙骨单缝孢组合，含光面球藻、盘星藻		温凉半干旱	高		
		二段	砂岩、粉砂岩夹泥岩及粉砂质泥岩：二者不等厚互层							
		三段	泥岩夹砂岩和粉砂岩	湖扩张	松粉高含量组合，多含皱面球藻、网面球藻、盘星藻				稳定分层	烃源岩
始新世	沙河街组	一段	泥岩、钙质页岩夹砂岩和粉砂岩	湖萎缩	栎粉高含量组合，多含薄球藻、菱球藻		温暖湿润			
		二段	砂岩夹泥岩、粉砂质泥岩		栎粉高含量组合，多含盘星藻					
		三段	泥岩、油页岩夹砂岩和粉砂岩	湖扩张	小栎粉、小榆粉高含量组合，多含渤海藻、副渤海藻				稳定分层	烃源岩
		四段	泥岩夹砂岩和砂砾岩	湖形成	麻黄粉高含量组合		暖热干旱			
古新世	孔店组		砂岩夹泥岩							

图2-3　古近纪渤海湾盆地湖泊发育特征与烃源岩分布（邓运华等，2021）

二、水动力条件

湖泊的水动力主要是波浪和湖流的作用，缺乏潮汐作用。在浪基面以下，湖底不受波浪的干扰，为静水环境，对沉积有机质的保存和烃源层的形成有重要影响。水动力条件是影响烃源岩形成的重要因素之一,通常可选用 $m(Zr)/m(Rb)$ 这一指标来反映水动力条件(赵一阳和鄢明才,1994;Tyson,2001)。Zr 是典型亲陆的惰性元素,主要以锆石等稳定重矿物形式沉淀于高能环境中,Rb 主要赋存于黏土、云母等细粒或轻矿物中,主要沉淀于低能环境中。因此,较高的 $m(Zr)/m(Rb)$ 值可指示震荡的高能环境;而较低 $m(Zr)/m(Rb)$ 值则反映水动力条件较弱的低能环境。丁修建等(2015)利用这一指标,分析了二连盆地赛汉塔拉凹陷烃源岩 $m(Zr)/m(Rb)$ 与 $w(TOC)$ 的关系(图 2-4),结果显示二者呈现明显的负相关关系。如图所示,随着 $m(Zr)/m(Rb)$ 的增大,所反映水动力条件由相对安静的低能环境向相对高能环境逐渐过渡,而烃源岩 $w(TOC)$ 则逐渐降低。该结果表明水动力条件在烃源岩形成过程中有重要意义,是赛汉塔拉凹陷烃源岩形成的主控因素之一。

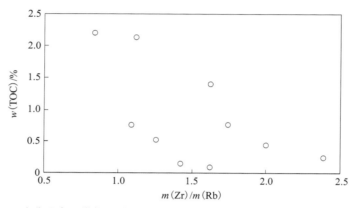

图 2-4　二连盆地赛汉塔拉凹陷烃源岩有机碳与水动力条件关系图(丁修建等,2015)

三、地球化学特征

湖泊沉积的地球化学因素主要包括:氧化-还原电位(Eh)、酸碱度(pH)、盐度和温度等,这些化学因素显著影响了水体中的沉积矿物和生物群落。

1. 氧化-还原电位

氧化-还原界面(Eh 零位面)是隔开氧化环境与还原环境的平面,它的位置可以在沉积物与水的界面之上或者之下,也可以与该分界面重合。在还原性较强的水体中,氧化-还原界面在泥水分界面之上,此时沉积物内部的环境总是还原的,有利于有机质的增加和保存,有助于黑色泥(页)岩及有关沉积物的形成[图 2-5(a)]。在氧化环境中,有机物主要被微生物所腐坏或被氧化和破坏,不利于沉积有机质的保存[图 2-5(a)~(c)]。

氧化还原条件对于有机质的保存、沉积物的形成、生物的形成与演化有着十分重要的影响。古代沉积物是在氧化条件还是在还原条件下形成的,过去常用古生物的特点和矿物学的认识来判别,例如:强还原或硫化物带;还原带(黄铁矿或白铁矿);弱还原带(菱铁矿和蓝铁矿);中性带(含 Fe^{3+} 和 Fe^{2+} 的富铁绿泥石);弱氧化带(海绿石)和氧化带(赤铁矿)。微量元素沉积时受水体氧化还原条件控制,一些微量元素指标如:Th/U、V/Sc、V/Cr、Ni/Co、V/

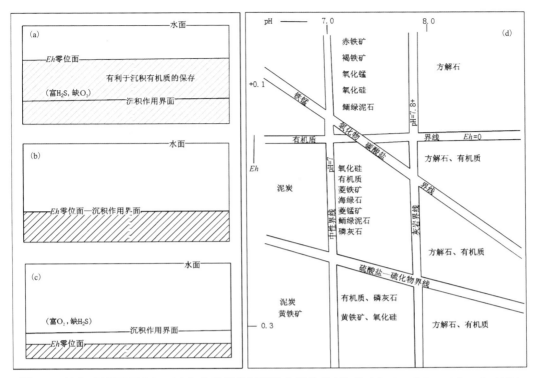

图 2-5 氧化-还原界面(a)～(c)和非碎屑岩沉积物化学分类(d)(修改自 Krumbein and Garrels,1952)

(V+Ni)及 δU 等,被广泛用于古氧化还原条件的判识(Jones and Manning,1994;Crusius et al.,1996;Abanda and Hannigan,2006;Tribovillard et al.,2006)。

Th 和 U 元素的化学性质在还原和氧化条件下差异显著。在表生环境下,Th 仅有 Th^{3+} 价态 F 且不易溶解;而 U 在强还原条件下为 U^{4+},不溶于水,沉积物中 U 含量相对较高,而在氧化条件下为 U^{6+},易溶于水,沉积物中 U 含量相对较低。因此 δU 法和 U/Th 比值法可用于判断沉积环境的氧化还原状态。

V 在海相环境中,不同的氧化还原条件下会呈现出不同的价态形式,Sc 与 Cr 受陆源碎屑输入的影响较大;V 在氧化环境下易与沉积物结合形成沉淀,而 Ni 易在还原条件下被吸附富集,发生沉淀。Ni 和 Co 通常与黄铁矿共生,成岩过程形成的自生黄铁矿中 Ni/Co 值通常大于 1。因此 V/Sc、V/Cr、V/(V+Ni)以及 Ni/Co 常用于判断古海洋环境下氧化还原条件。

涟源凹陷佘田桥组富有机质页岩段和贫有机质页岩段,其微量元素[Th/U、V/Sc、V/Cr、Ni/Co、V/(V+Ni)]测试结果显示(图 2-6):佘田桥组底部富有机质页岩段沉积时期水体为贫氧到次富氧环境,佘田桥组中上部贫有机质页岩段沉积期,水体处于稳定的富氧状态(表 2-1; Hatch and Leventhal,1992;Jones and Manning,1994;腾格尔等,2004)。

结合区域层序地层特征,综合对比佘田桥组 TOC 含量与古氧化还原条件、古生产力条件的相关性,揭示出涟源凹陷佘田桥组富有机质页岩段有机质富集的主控因素为古氧化还原环境。

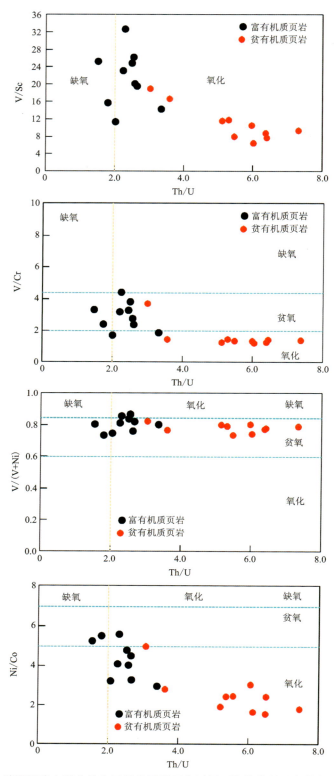

图 2-6 湘中涟源凹陷上泥盆统佘田桥组页岩氧化还原环境的微量元素特征(田巍等,2019)

表 2-1　氧化还原环境的元素判别指标 (田巍等，2019)

古氧化还原环境	V/Cr	Ni/Co	Th/U	V/(V+Ni)	V/Sc	δU
缺氧、极贫氧环境	>4.25	>7.0	<2.0	>0.84	>30	>1.0
贫氧、次富氧环境	2.0～4.25	5.0～7.0		0.60～0.84	9～30	
富氧环境	<2.0	<5.0	2.0～8.0	<0.60	<9	<1.0

2. 沉积环境的酸碱度

沉积环境的酸碱度会显著影响到一些矿物的生成与否，其判断依据亦主要通过矿物。例如在酸性环境中不会沉积出碳酸盐岩，方解石沉积需要 pH 高于 7.8[图 2-5(d)]，pH 低于 7.0 时方解石完全停止沉积。海洋与半咸化—咸化湖泊环境呈中性或弱碱性，有利于蒙脱石的形成；含煤沼泽是强酸性，常伴生有白铁矿；淡水—微咸水湖泊为酸性—弱酸性，常见有高岭石。

3. 水体盐度

正常海水含有约 3.5% 的溶解物质；陆相湖泊的盐度变化可以从淡水到强咸水，可通过动物群、微量元素、同位素及盐类矿物来确定。

4. 水体温度

水体温度是沉积环境的一个重要参数，它影响许多矿物和气体的溶解度，对化学沉淀有很大的控制作用。在陆相古温度重建研究中，以往常常是定性的，定量重建一直难以取得突破，主要原因之一在于缺乏有效的量化计算指标。十余年来，随着人们对支链四醚膜类脂物（GDGTs）认识的深入，其作为陆相古温度指标得到了广泛的应用与发展（胡建芳和彭平安，2017）。一些基于湖泊现代表层沉积物的年平均温度（Mean Annual Temperature，MAT）经验计算式（Schouten et al.，2013）有较为广泛的适用性，虽然这些计算式仍有一定的局限性和区域性。此外，U_{37}^K 温度指标广泛应用于海洋相关研究，近年来在湖泊中的应用也有了长足的发展。长链烯酮化合物通常发现于咸水湖泊中，之后在北美、欧洲以及亚洲（Theroux et al.，2010；Crump et al.，2012；McColl et al.，2013；Simon et al.，2013；D'Andrea et al.，2016）的一些淡水湖泊中也都检测出了这类化合物。Sun 等（2007）分析了不同纬度带不同类型湖泊沉积物中长链烯酮的分布规律，总结和比较了各类湖泊体系中 U_{37}^K 温标经验计算式的优缺点，重新建立了 U_{37}^K 温标与平均水温的经验计算式。Song 等（2016）调查和研究了中国西北近 20 个湖泊中长链烯酮的分布规律，指出 U_{37}^K 温度指标易受盐度的影响，而 $U_{37}^{K'}$ 受盐度影响有限，后者更适合于中国西北湖泊水体温度的重建。

四、古生物特征

湖泊相的水介质以淡水和微咸水为主，丰富的淡水生物是湖泊沉积的一个重要特征。常见的淡水生物化石包括介形类、双壳类、腹足类和轮藻等，其中介形类和轮藻的大量出现可作为湖泊相的重要标志。一般情况下，湖泊沉积物中都含有丰富的陆地植物碎屑，较深湖相沉积中也常发育炭化植物碎屑富集层，这一点区别于深海沉积。陆生植物根、茎、叶、孢子和花粉等的大量出现，也明显指示了湖泊沉积。

五、沉积演化

湖相沉积有机质主要来自两方面，一是本身产出的水生生物，二是陆源有机质的输入。由于入湖的河流可从任意方向将陆源有机质带入湖泊，从而造成湖泊陆源有机质来源的多方向性，使其沉积物中的有机质具多方向二元性的特点。这种特点也造成湖泊沉积有机质的分布具有其特殊的规律性，即湖泊中的不同亚环境或亚相带，表现为环状分布。从湖滨至湖盆中心依次出现砾岩、砂岩、粉砂岩和黏土的分布格局，也决定了沉积有机质的丰度从湖滨向湖盆中心逐渐增加的趋势。有机质类型也沿此方向发生变化，湖滨亚环境区，有机质保存条件较差、丰度低、有机质类型差，而在湖盆中心附近的深湖—半深湖亚环境区，有机质保存条件好、丰度高，有机质类型好。

湖相充填沉积物受区域构造活动、气候和物源等多种因素的影响，其垂向层序复杂多变。陆相含油气湖泊存在两种不同的盆地充填序列，即单旋回和多旋回序列。具有单一旋回序列的湖泊，深陷扩张期只有一次，烃源层也只有一个最佳发育阶段。例如，我国东北地区中生代断陷湖泊盆地（海拉尔盆地等），皆表现为单一旋回，垂向层序从下而上经历了沉积物颜色红→黑→红，沉积物颗粒粗→细→粗，湖泊水体浅→深→浅的过程。具多旋回序列的湖泊，有多次深陷扩张期，发育有多套烃源层。例如，松辽盆地的青山口组一段和嫩江组一段均在湖盆深陷扩张期形成了优质富烃源层（图2-7）。

第二节　有机质特征

一、有机质类型

沉积有机质主要源自生物以及它们的分泌物、排泄物、代谢产物和死亡后的遗体。生物成因的物质中主要为碳水化合物、蛋白质、类脂物和木质素。这些物质在不同的生物体中差异很大，即使同一种生物体，环境和生理的差异也会导致沉积有机质的不同。这就形成了沉积有机质性质和生烃能力的差异，即不同的有机质类型。

秦建中等（2005）综合陆源湖泊沉积相、生物相、氧化-还原相，特别是干酪根镜下鉴定、H/C原子比、热解氢指数、Pr/Ph、甾烷和萜烷标志物等有机地球化学指标，将湖相烃源层划分为4种有机相（表2-2）：藻类相（Ⅰ型干酪根）；含草本藻类相（$Ⅱ_1$型干酪根）；含藻类草本相（$Ⅱ_2$型干酪根）；木本相（Ⅲ型干酪根）。

藻类相（Ⅰ型干酪根）：沉积环境为大中型淡水—微咸水湖泊沉积、深湖亚相—较深湖亚相、强还原环境，以浮游藻类为主，岩性主要为暗色泥岩或页岩，有机质丰度往往很高，TOC一般大于1%。干酪根为Ⅰ型，生烃能力极强，成熟阶段生油。

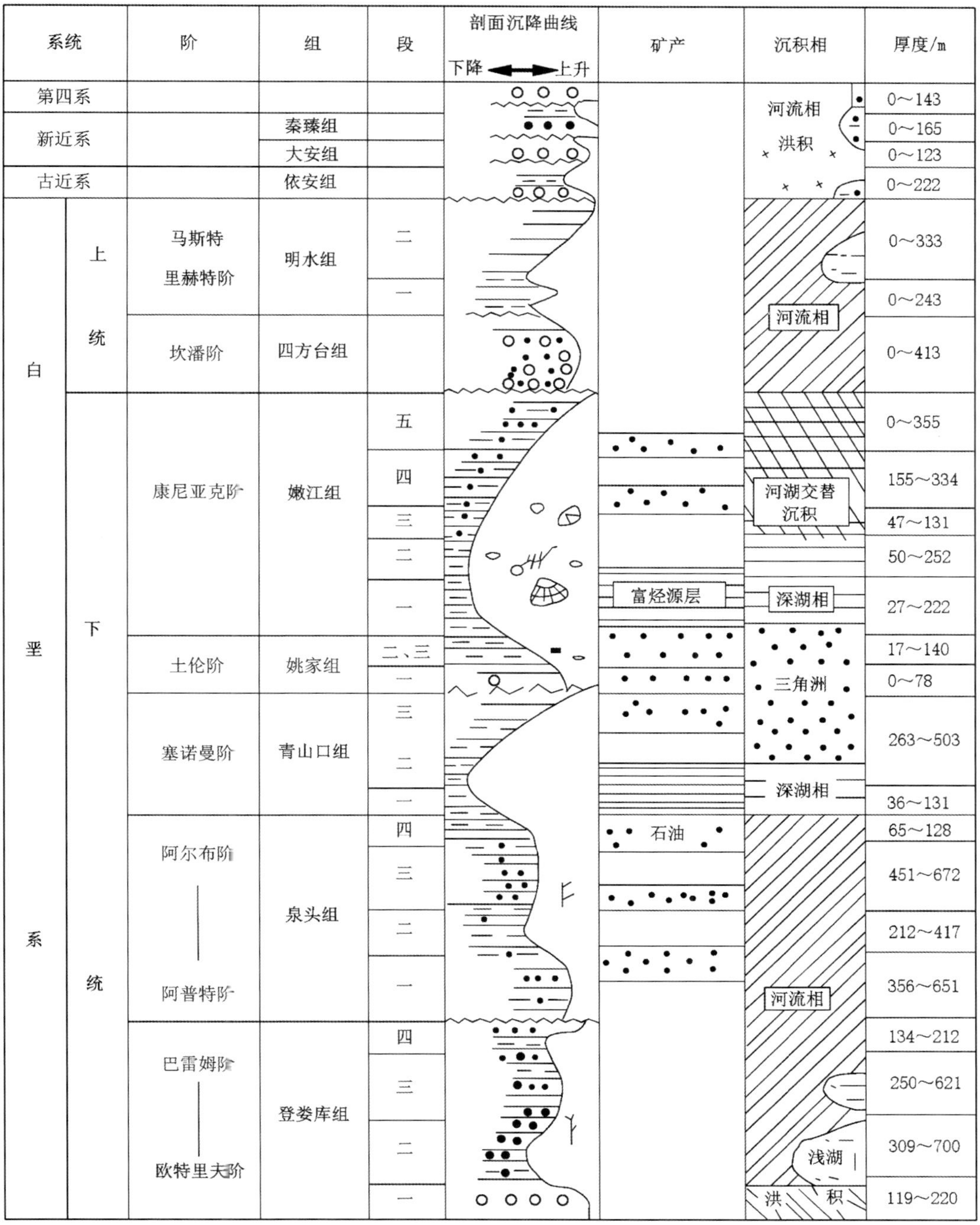

第二章 陆相湖泊泥(页)岩生烃理论及研究进展

系统	阶	组	段	剖面沉降曲线 下降↔上升	矿产	沉积相	厚度/m
第四系						河流相	0~143
新近系		秦臻组				洪积	0~165
		大安组					0~123
古近系		依安组					0~222
白垩系 上统	马斯特里赫特阶	明水组	二				0~333
			一			河流相	0~243
	坎潘阶	四方台组					0~413
白垩系 下统	康尼亚克阶	嫩江组	五				0~355
			四			河湖交替沉积	155~334
			三				47~131
			二				50~252
			一		富烃源层	深湖相	27~222
	土伦阶	姚家组	二、三			三角洲	17~140
			一				0~78
	塞诺曼阶	青山口组	三				263~503
			二			深湖相	
			一				36~131
	阿尔布阶	泉头组	四		石油		65~128
			三				451~672
			二				212~417
	阿普特阶		一			河流相	356~651
	巴雷姆阶	登娄库组	四				134~212
			三				250~621
	欧特里夫阶		二			浅湖	309~700
			一			洪积	119~220

图 2-? 松辽盆地白垩系沉积演化综合剖面图(修改自秦建中等,2005)

表 2-2　烃源岩有机相及有机质类型划分(秦建中等,2005)

划相标志	藻类相	含草本藻类相	含藻类草本相	木本相
干酪根类型	I	II$_1$	II$_2$	III
主要沉积相带	较深湖—深湖	较深湖—浅湖	滨浅湖、三角洲	近岸、滩砂、水下扇、三角洲、河口
生物相	水生生物为主	水生生物为主,有部分陆源高等植物	陆源高等植物和水生生物混杂	陆源高等植物为主
氧化-还原环境	强还原	强还原-还原	弱氧化—还原	弱氧化—弱还原
干酪根类型指数	≥80	80～40	40～0	≤0
干酪根 H/C 原子比	>1.5	1.25～1.5	1.0～1.25	<1.0
热解氢指数 I_H/(kg·t^{-1})	>650	400～650	150～400	<150
干酪根 δ^{13}C/‰	<-29.5	-29.5～-28	-28～-25	>-25
$\mathrm{aaa\text{-}C_{27}}/\mathrm{aaa\text{-}(C_{27}+C_{28}+C_{29})}$/%	>50	40～50	35～50	<35
$\mathrm{aaa\text{-}C_{29}}/\mathrm{aaa\text{-}(C_{27}+C_{28}+C_{29})}$/%	<30	<30	30～35	35
饱和烃/芳香烃	>3	1～3	1～1.6	<0.8
Pr/Ph	<0.6	<0.6	0.6～1.0	>1.0
红外 2920/1600	≥2.5	1.5～2.5	1.0～1.5	<1.0
γ-蜡烷	丰富	多	少	无
奥利烷	无	少	有	明显

含草本藻类相(II$_1$型干酪根):沉积环境为较深湖—浅湖亚相、还原—强还原环境,以浮游藻类为主,有少部分陆源高等植物输入,岩性与藻类相相似,也主要为暗色泥岩或页岩等,有机质丰度一般也很高,TOC 一般大于 1%。干酪根类型多为 II$_1$型,生烃能力很强,在成熟阶段生油。

含藻类草本相(II$_2$型干酪根):沉积环境为滨湖—浅湖亚相或湖泊三角洲亚相、弱氧化-还原环境,以陆源高等植物和水生生物为主,岩性主要为泥岩,有机质丰度一般较高,特别是三角洲前缘—前三角洲亚相,该亚相沉积形成的烃源层有机碳含量一般大于 1%。干酪根类型为 II$_2$型,生烃能力较强,在成熟阶段生轻质油和气携凝析油气。

木本相(III型干酪根):沉积环境为滨湖、近岸、水下扇及三角洲亚相、弱氧化—弱还原环境,以陆源高等植物为主,岩性主要为泥岩或含碳屑泥岩,有机质丰度一般变化较大,干酪根类型为III型,生烃能力一般较差,在成熟阶段主要生气及凝析油气。

二、有机质含量

近代陆相湖泊沉积物中有机质聚集的研究,黄第藩等(1982)认为:

(1)陆相湖泊沉积物中均可以发生有利于油气生成的有机物质聚集,有机质数量和烃含量均不亚于海相。

(2)沉积有机质的丰度与沉积物的粒度密切相关,湖盆中部(较深湖—深湖相)沉积物颗粒细,有机质最为富集。

(3)淡水—弱矿化水介质或缺乏硫酸岩的湖泊沉积物,其中的有机质在细菌作用下也可以部分保存,生成陆相低硫石油。

(4)一些特殊的水化学状况(如半咸化—咸化)和生物构成特征,使沉积物中有机质富集的程度更高,更有利于石油的生成,也是形成未熟—低熟石油的有利场所。

三、有机质丰度

我国中—新生代陆相湖泊泥岩烃源层,其有机碳含量主要在0.5%~4%之间,主峰在1.5%左右。有机碳含量差别可以很大,不同沉积类型、不同沉积相带的暗色泥岩,有机碳含量最低可小于0.1%,而有的富烃页岩可超过10%(图2-8)。可溶有机质氯仿沥青"A"含量从0.07%到0.2%,主峰在0.15%左右(图2-9)。生烃潜力(S_1+S_2)变化更大,主要分布范围变化在4~20mg/g之间。

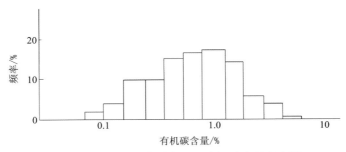

图 2-8　我国中—新生代主要陆相湖泊烃源层有机碳含量频率图(黄第藩等,1982)

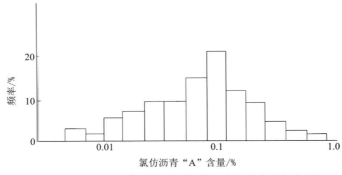

图 2-9　我国中—新生代主要陆相湖泊烃源层氯仿沥青"A"含量频率图(黄第藩等,1982)

四、生排烃模式

湖泊相烃源岩有机相的成烃模式,是通过对未成熟烃源岩进行模拟实验,并结合实际地质剖面归纳、提炼、修正和综合而得出的。不同地区有机相相似,其成烃模式也相似,但实际上各地区的地质条件很难完全一致,各地区的生烃量、烃类相态及主要生烃阶段均有所差别,因此,不同地区要根据实际地质条件建立本区有机相的成烃模式。刘宝泉等(1990)总结湖泊相烃源岩加热加水加压模拟试验结果,归纳出一套烃源岩生排烃模式,包括四类:藻类相(Ⅰ型干酪根)、含草本藻类相($Ⅱ_1$型干酪根)、含藻类草本相($Ⅱ_2$型干酪根)和木本相(Ⅲ型干酪根),如图2-10所示。

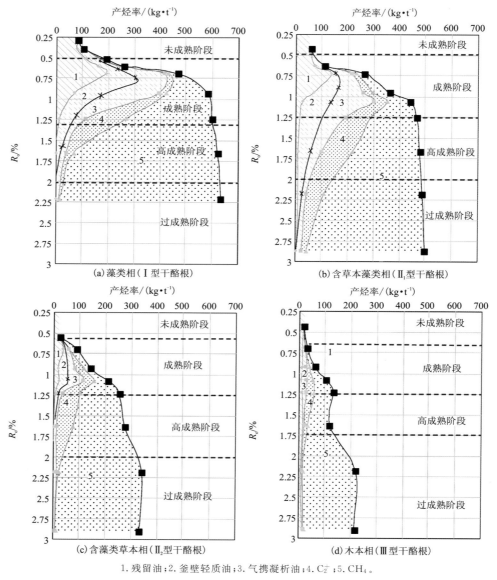

1.残留油;2.釜壁轻质油;3.气携凝析油;4.C_2^+;5.CH_4。

图2-10　陆相湖泊不同有机相的烃源岩生、排烃模式(秦建中等,2005)

第三节 优质烃源岩形成控制因素研究

随着全球勘探理论和技术的发展,学者们认识到对油藏形成做出贡献的往往是生烃层系中富集的有机质(王秉海和钱凯,1992;邓宏文和钱凯,1993;张林晔,2008)。秦建中等(2005)通过对我国典型湖相烃源岩的沉积环境、有机质含量、有机质类型和有机相、成烃演化机理、生排烃模式及油气运移和聚集规律的对比研究,指出有效烃源岩和富烃页岩是形成大中型油田的物质基础。优质烃源岩在生烃层系中一般厚度小,但有机质丰度很高(张水昌等,2001;朱光有和金强,2003;刘华等,2006),当有机质演化达到一定程度时,易产生超压并形成大油气田(Hunt,1990;许晓明等,2006)。深入研究湖相优质烃源岩的形成条件和控制因素,弄清其分布规律和形成机制有助于发现新的优质烃源岩发育区和层系,扩大油气勘探的发展空间。目前人们越来越关注湖相优质烃源岩的形成机制,亦取得诸多新的认识。国内外学者的研究成果表明,湖相优质烃源岩的形成在一定的构造背景下主要与古湖泊生产力、保存条件、气候变化三方面因素有关,这三方面因素之间也隐含着内在联系。

一、古湖泊生产力

关于形成优质烃源岩的古湖泊生产力的研究主要集中在3个方面:①古湖泊生产力组成;②古湖泊生产力的计算;③古湖泊生产力的营养来源。

湖泊初级生产力主要为浮游植物(藻类)和一些边缘水生生物,次级生产力主要包含一些微体动物,如介形虫、腹足类等(刘传联和徐金鲤,2002)。至于细菌对古湖泊生产力的贡献,人们对这方面的认识还很局限,这是缺少化石记录导致的。从对现代海洋细菌的研究可知,细菌生产力是海洋食物链的重要组成部分(Hobbie et al.,1977;Fuhrman and Azam,1980;刘传联和徐金鲤,2002)。例如,蓝细菌在热带和温带海洋对总初级生产力的贡献可达20%~80%(Murphy and Haugen,1985),在世界大多数的海区对总初级生产力的贡献可以高达60%,在湖泊环境中,由细菌生成的有机质总量甚至可以超过藻类(Kelts,1991)。

湖泊古生产力的估算主要有3种常用方法:有机碳法、古生物法和碳同位素法(刘传联和徐金鲤,2002)。其中,利用有机碳含量估算初级生产力是最经典的方法,但缺点在于该方法容易受陆源有机碳输入的影响。近年来大数据研究的兴起,也给这一经典方法注入新的活力。王惠君等(2020)以鄂尔多斯盆地杭锦旗地区为例,利用卷积神经网络(CNN)来预测泥质烃源岩TOC含量,并论证了该方法的有效性和可靠性,取得了很好的效果。

关于湖泊古生产力营养元素的来源,通常认为在温暖潮湿的气候条件下,由于化学风化作用,磷灰石、碳酸岩盐、玄武岩或流纹岩等向湖泊提供了丰富的营养元素,促进了湖泊古生产力的提高。季节性回水也有利于藻类勃发(刘传联等,2001),进而有利于有机质富集。盐度和热液作用也是湖泊古生产力营养元素的来源。根据东非裂谷湖泊的研究,位于肯尼亚两个毗邻的湖泊,巴林戈(Baringo)湖与博格利亚(Bogoria)湖,二者的生产力差异巨大,前者生产力极低,而后者可见丰富的蓝藻细菌,究其缘由,前者是淡水湖泊,后者却是高盐度的盐湖,并伴有热液作用。在热液作用的区域里,细菌繁盛(Lein et al.,1993;Halbach et al.,2001)。金强等(1998)对断陷含油气盆地的研究指出,水下火山喷溢环境是优质烃源岩赖以形成的先导因素。例如,鄂尔多斯盆地南部延长组 7 段,其优质烃源岩的发育与湖底热液和火山喷发密切相关(杨华和张文正,2005;张文正等,2009;李登华等,2014;杨华等,2016;王建强等,2017;Yuan et al.,2019;付金华等,2019a;Sun et al.,2020;Liu et al.,2021)。

邓运华等(2021)认为,河流是湖泊营养物质的主要来源,河流的性质对湖相烃源岩的发育具有重要影响。湖相烃源岩中有机质主要来自于湖水中生长的水生生物,特别是一些藻类。自然降水中基本不含营养物质,湖泊的营养物质主要来源于河流。河流可以分为源远流长的河流与短源河流,长期流淌的河流与季节性河流因类型不同,河流对湖水中水生生物生长具有明显不同的作用。

源远流长的河流,有以下特点:流经地域广、流淌时间长、水中溶解矿物质多、碎屑物分选及磨圆度好,水体清洁含泥质少。这样的河水汇入湖泊后,会显著提高湖泊的营养物质浓度,为藻类的繁盛提供了条件。短源河流则相反,流淌时间短,流经距离短,水中溶解矿物质少,水中泥、砂、砾混杂,水体浑浊,河水进入湖泊后不利于藻类生长。

长期流淌的河流常常也是源远流长的河流,可以给湖泊带来稳定的水源和营养物质,水中营养物质丰富,水体清洁,利于藻类生长。季节性河流不具有稳定性,河水流淌距离较短,雨季和旱季河流量差异巨大,对湖水供给不稳定,水体浑浊,水中营养物质浓度低,不利于藻类生长。大型三角洲发育的湖泊,水生生物繁盛,有利于优质烃源岩的形成,而相应的,冲积扇、洪积扇发育的湖泊,不利于藻类生长,也就不利于优质烃源岩的形成。只有当湖盆处于水域面积大,湖水深,伴有源远流长的河流注入以及三角洲发育,此时藻类大量繁盛,从而形成优质烃源岩。我国东部一些典型断陷盆地的优质烃源岩分布,便是极佳的例证(图 2-11)。

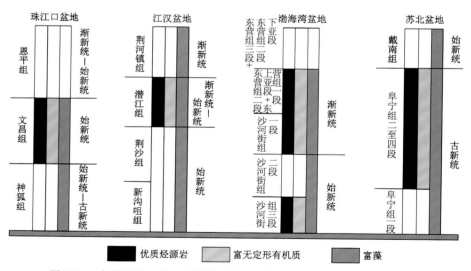

图 2-11 中国东部一些典型断陷盆地优质烃源岩的分布(邓运华等,2021)

此外,河流流经的岩石不同,河水中溶解的矿物质也会存在差异,流入湖泊后对藻类的生长影响也不同。如果地表出露的岩石为火成岩和正变质岩,如玄武岩、安山岩和花岗岩等,这些岩石富含磷、钾等藻类生长所需的元素,同时这些岩石在地表易被物理风化和化学风化,流经这些岩石的河水就会溶解大量的矿物质,河水入湖后,有利于藻类大量繁殖。如果地表出露的岩石主要是沉积岩和副变质岩,如灰岩、泥岩、砂岩和大理岩等,这些岩石磷、钾等元素含量少,泥质多,钙、镁元素含量高,河水入湖后不利于藻类生长。

目前对于湖泊中营养物质的来源,以及影响营养物质的因素尚缺乏足够的认识,有待深入研究。

二、有机质保存

有机质的保存是形成优质烃源岩的另一个重要因素,从目前的研究工作来看,湖水分层、沉积速率、硫酸盐含量等因素都与有机质的保存密切相关。

湖水的分层现象是湖泊系统的重要特征之一,可以造成底水缺氧,有利于有机质的保存(Talbot,1991)。湖水分层的主要原因是温度和盐度所造成的湖水密度变化,从而形成温跃层和盐跃层。有机质在还原环境易保存,在氧化环境中易被破坏,因此有机质与含氧水体的接触时间会显著影响到有机质的保存。沉降速率越高,沉积速率越大,和含氧水体接触的时间越短,越有利于有机质保存,反之则不利于保存。但沉降速率并不是越高越好,过快的沉降速率也会对有机质聚集起稀释作用。哪种沉降速率最有利于湖相有机质的聚集和保存还有待深入研究。硫酸盐是湖泊中氧化剂的来源之一,可以显著消耗湖泊中的有机质。Howarth和Teal(1979)指出,仅是硫酸盐的还原作用,就足以消耗生产力较高的海洋盐沼中的全部有机质产量。

三、气候变化

古构造运动和古气候变化是湖相烃源岩沉积的两个主要控制因素。构造活动控制着盆地的形成和发展,决定了盆地古地理特征;而气候可以影响到区域性至全球性的降雨量和蒸发量,进而影响河流注入湖泊时的营养物质以及湖盆盆面的变化,最终影响到优质烃源岩的发育。

以米兰柯维奇旋回为代表的高频旋回地层学已经证明在构造背景稳定的前提下,气候旋回是控制盆地沉积过程的关键因素(Weedon,2003;Gradstein et al.,2004;王冠民和钟建华,2004;董春梅,2006;张海峰,2006)。然而目前高频气候旋回与有机质富集的关系研究仍处于起步阶段(杨仁超和田源,2020)。

第四节 地质事件对有机质富集的影响研究

随着理论、技术和方法的发展与创新,越来越多的研究表明,地质事件如火山喷发、热液活动、大洋缺氧以及海侵等,在有机质的富集过程中起到了重要作用。

一、火山作用

油气勘探实践已发现,火山作用与油气藏或油气显示关系密切(Liu et al.,2021)。在全球 20 多个国家 300 余个盆地中有所发现。例如美国阿巴拉契亚(Appalachian)盆地中泥盆统 Marcellus 组(Hayward,2012)、海湾沿岸(Gulf Coast)盆地上白垩统 EagleFord 组(Robison,1997;Duggen et al.,2007;Lee et al.,2018)、巴西巴拉纳(Paraná)盆地二叠系油气藏(Araujo et al.,2000)、阿根廷内乌肯(Neuquen)盆地侏罗系 Vaca Muerta 组(Kietzmann et al.,2014)、俄罗斯西西伯利亚的泥盆系—石炭系 Bazhenov 组(Shaldybin et al.,2019;Liang et al.,2020)、日本北部 Yurihara 油气田(Mitsuhata,1999)以及印度尼西亚的 Jatibarang 玄武岩油气田(Koning,2003)等。在国内中新生代陆相含油气盆地中,富有机质页岩形成过程中也普遍伴有火山活动(赵岩和刘池阳,2016)。如松辽盆地青山口组和营城组(高有峰等,2008;单玄龙等,2014;Lee et al.,2018)渤海湾盆地沙河街组(杜景霞等,2014)鄂尔多斯盆地延长组(邱欣卫等,2009;张文正等,2009)、三塘湖盆地哈尔加乌组和卢草沟组(李光云等,2010;吴林钢等,2012)、四川盆地龙马溪组(Zhao et al.,2015)等。随着勘探的进行,有关火山作用与烃源岩成烃的研究也在不断深入。

火山活动使火山物质经火山通道上涌至地表,在陆上或水体中经冷凝固结而形成火山岩。火山喷发的气体或尘埃可以形成硫酸盐气溶胶,进而影响当地的气候调节系统,可引起区域性气候改变从而影响到水生浮游生物的生长和繁盛(O'Dowd et al.,2004;Lohmann and Feichter,2005)。此外,火山活动为烃源岩的母质提供了热量和矿物质,改变了原始的沉积环境,直接影响了烃源岩母质的沉积规律、成岩作用和地球化学特征等。人们越来越认识到火山活动对烃源岩的形成、发育以及后来的生烃演化有重大影响。经研究发现,火山活动对烃源岩的影响作用主要体现在几个方面:①火山活动对同期沉积的烃源岩母质中有机质富集的影响作用,包括促进作用和破坏作用;②火山活动对烃源岩生烃演化的热作用;③火山活动对烃源岩生烃的加氢催化。

1. 对有机质富集的影响

火山物质中的 N、P 和金属矿物质,可通过火山活动进入到湖泊中,为水生生物提供了营养,形成藻类勃发(金强等,1998;金强和翟庆龙,2003)。例如鄂尔多斯盆地研究结果发现,火山灰等火山物质中的 Fe、P_2O_5、CaO 等降落到湖盆后,会发生水解作用,显著提高水体中营养的供给速度和底层水中的生物营养成分,促进藻类等底栖生物大量繁殖(张文正等,2009)。但亦有研究发现过量的火山灰会起到相反的作用,会降低水体透明度,降低湖泊藻类及挺水植物对太阳能的吸收和转化效率,造成湖泊生物大量死亡。此外,过多的火山活动会释放出大量气体,如 HCl 和 SO_2,区域气候受影响强烈,造成区域温度持续下降,导致初级生产者的富营养区不断减少(Zielinski,2000;Königer et al.,2002;王书荣等,2013)。因此,火山活动的过程、频次和强弱等,都会对烃源岩有机质的富集产生很大影响,这种影响可能是积极的,有促进作用,也有可能是消极的,起到破坏的作用。现分别从正反两个案例来介绍火山作用对有机质富集的影响。

鄂尔多斯盆地三叠系延长组,富有机质泥(页)岩广泛发育于延长组 7 段,具有丰富的页岩油资源(杨华等,2016;付金华等,2019a)。深入延长组 7 段的页岩层中,可发现其中夹持多层凝灰岩,指示着在页岩沉积期伴随有强烈的火山活动(Yuan et al.,2019;Sun et al.,2020;Liu et al.,2021),并且凝灰岩层数越多,富有机质页岩厚度越大,即使是在远离物源的深湖区,凝灰岩累计厚度与富有机质页岩厚度也显示出良好的正相关关系(张文正等,2009;李登华等,2014;王建强等,2017)。因此,鄂尔多斯盆地延长组 7 段是火山作用促进优质烃源岩形成的极佳案例。

延长组 7 段页岩层系中发育丰富的火山凝灰岩,是火山灰降落湖泊的产物(Haaland et al.,2000;Kramer et al.,2001;Grevenitz et al.,2003;李鹏等,2021),指示火山活动是鄂尔多斯盆地在三叠纪的一个重要地质事件。在火山事件前后,可以观察到成烃生物数量上的变化。以鄂南云梦山剖面延长组 7 段 83~87 层(厚 83.51cm)为例(刘全有等,2022),第 86 层为凝灰岩,指示火山作用期,火山喷发前(83 层、85 层)发育藻类、细菌,火山喷发后(87 层)细菌数量下降但藻类较为繁盛(图 2-12)。

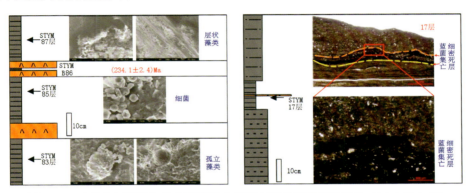

图 2-12　云梦山剖面凝灰岩上下页岩中细菌与藻类发育情况对比(刘全有等,2022)

进入到更小尺度的观察,可以发现火山活动对成烃生物发育过程具有复杂的影响,体现在有机质丰度和成烃生物类型上。

仍以鄂南云梦山剖面为例,该剖面第 15 段含火山灰页岩层段的火山灰层的底部存在明显的蓝细菌密集层(图 2-12);而紧邻该密集层之上,火山灰层内部观察到的有机质含量显著减少;继续往上观察,样品 B19 紧邻火山灰层之上,即代表火山活动之后,薄片观察发现其有机质纹层相较火山活动之前更厚且更连续,纹层发育密集程度也更高(图 2-13)。这表明火山活动早期,火山活动及其带来的火山物质突然改变了沉积环境和生态环境,使得生物大量死亡而发生有机质富集;火山活动期间,火山物质的稀释作用占主导地位,使得火山灰沉积期间有机质丰度下降;火山活动之后,推测火山灰导致初级生产力提高,有机质丰度显著升高,且明显高于火山活动之前。

火山灰前后成烃生物的面貌也有显著差异。云梦山剖面第 15 层火山灰之下的 B15 样品,其成烃生物主要为孢子、高等植物碎屑和蓝细菌;火山灰中 B17 样品,蓝细菌和孢子占主导地位,但孢子含量显著下降;火山灰之上的 B19 样品,孢子未见,而蓝细菌占主要成分(图 2-13)。

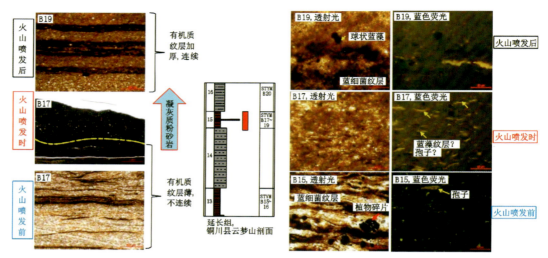

图 2-13　云梦山剖面含凝灰岩页岩段有机质纹层及成烃生物组合变化特征（刘全有等，2022）

表明火山活动促进了蓝细菌发育，显著影响了孢子和高等植物的生长。

火山作用对烃源岩、油气藏的破坏作用主要表现在其可以破坏原地烃源岩，使其过早成熟或者快速生烃耗尽；破坏原地油气藏，可直接将岩体穿刺、切割、抬升至地表造成油气逸散，或高温烘烤致使原油快速裂解逸散。新疆北部塔城地区布龙果尔泥盆系油藏，是后期遭受火山作用破坏的典型古油藏。

与古油藏关系最为密切的，自下而上依次为中泥盆统呼吉尔斯特组（D_2hj）、下石炭统和布克河组（C_1hb）、下石炭统黑山头组（C_1h）和下侏罗统八道湾组（J_1b）（图 2-14）。布龙果尔古油藏主体见于布龙果尔向斜北翼和布克河组一段的沉积-火山岩旋回中，向斜南翼则分布于和布克河组一段下部的两个沉积-火山岩旋回和八道湾组底部。

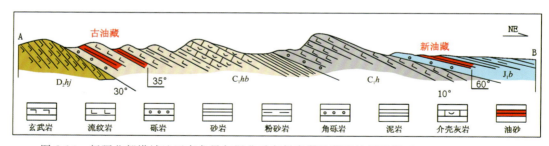

图 2-14　新疆北部塔城地区布龙果尔泥盆系向斜南翼油藏野外剖面图（修改自李建忠等，2015）

生物标志物特征显示，布龙果尔古油藏和布克河组沥青正构烷烃大部分组分遭受水洗或生物降解缺失，未见 β-胡萝卜烷（图 2-15）；三环萜烷难以识别，五环萜烷系列保存完好，T_s 丰度较高，γ-蜡烷较低，指示原油母质沉积环境呈氧化性，低等水生生物成分较少，母质类型差。

干油砂与干沥青的性质特征表明，其油源应来自沉积环境呈氧化性、母质类型差的一套源岩，可能来自中泥盆统呼吉尔斯特组上亚组煤岩及碳质泥岩。热解温度峰值 T_{max} 值为 514～529℃，已达到高成熟演化阶段，源岩母质类型较差。这套源岩处于高成熟阶段，现今残余的

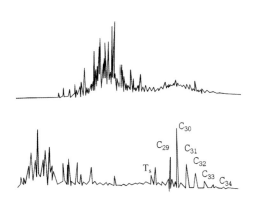
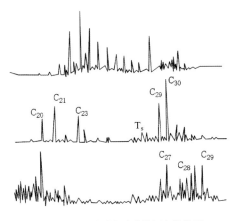

(a) 和布克河组沥青(C_1hb)生物标志物特征　　　(b) 八道湾组油砂(J_1b)生物标志物特征

图 2-15　新疆北部塔城地布龙果尔古油藏泥盆系与侏罗系沥青生物标志物色谱图(修改自李建忠等,2015)

可溶有机质氯仿沥青"A"含量及生烃潜力均很低,可以推断该套源岩曾生成过大量油气。

布龙果尔古油藏存在两期成藏历史,第一期为和布克河组油藏形成,第二期为八道湾组油藏的形成。

和布克河组油藏原油主要来自中泥盆统呼吉尔斯特组上亚组烃源岩,这些烃源岩可能在石炭纪以后的某个地史时期,进入成熟阶段并开始大规模生排烃。油气沿断裂及上泥盆统内部不整合面做垂向和横向运移,最终在和布克河组海相沉积盖层之下的储集层大量聚集成藏。在晚石炭世,火山活动,构造抬升,油气藏遭受严重破坏。

八道湾组油藏的源岩尚不确定,推测为其下伏上古生界的海相烃源岩,在中—晚侏罗世以后某个阶段生成的油气,经断裂、不整合面等运移通道,在八道湾组底部砂体聚集成藏。随着构造不断抬升,地层遭受剥蚀,最终古油藏被抬升至地表,油藏被破坏殆尽。

2. 对烃源岩热演化的影响

火山作用为沉积盆地提供了新的热源,这必然对有机质的成烃进程和成烃量产生重要影响,即存在火山作用的热效应。火山作用的热效应体现在以下 4 个方面。

1) 火山岩热作用对围岩有机质成熟度的影响

众多研究表明,岩浆冷却释放大量热能,可加速围岩有机质成熟,其镜质体反射率 R_o 急剧上升(可达 5% 以上),远高于沉积盆地正常热演化所能达到的成熟度。例如,伊利诺伊盆地煤岩的研究显示,火山岩的热作用可使得煤岩快速成熟,R_o 从 0.62% 迅速升高到 5.03% (Schimmelmann et al.,2009)。

2) 火山岩热作用对围岩有机质元素及同位素的影响

通常来说,与侵入体越接近,有机质中 H、N、O 元素就越降低,有机质及煤中易生烃的壳质组成分逐渐减少、不易生烃的组分逐渐增加。目前对干酪根 H、C 和 N 同位素值与火山岩距离的关系研究,尚未有共识,争议较大(Schimmelmann et al.,2009;Cooper et al.,2007;李建忠等,2015)。

3) 火山岩热作用对无机元素及同位素的影响

Finkelman 等(1998)分析了岩墙附近的煤岩,观察其中 66 种无机元素,结果发现,随着与接触面距离的减小,一些挥发性元素,如 F、Cl、Hg、Se 等,其含量并无减少的趋势,其他大部分元素和矿物含量则随着离岩墙的距离的减小而增加。越靠近侵入体,有机质热解生成的 CO_2 与钙离子(Ca^{2+})结合就越多,形成的方解石($CaCO_3$)增多,由于 CO_2 的 $\delta^{13}C$ 较低,其形成的碳酸盐 $\delta^{13}C$ 也就越低;远离接触面,由于生物甲烷菌的 CO_2 还原作用,使得残余 CO_2 的 $\delta^{13}C$ 变重,形成的碳酸盐 $\delta^{13}C$ 也就越重。

4) 火山岩热作用范围

目前研究中对侵入体引起围岩的热蚀变强度认识不一,大多学者认为热蚀变的强度在侵入体厚度的 1~4 倍范围内(Dow,1977;陈荣书和何生,1989;Mastalerz et al.,2009),也有学者认为热蚀变的强度很少能超过 1 倍岩床/岩墙厚度范围(Galushkin,1997)。

3. 生烃过程中的加氢催化作用

室内模拟实验显示,在 300℃ 和 50MPa 条件下,橄榄石与含 CO_2 和 NaCl 流体反应,结果发现 CO_2 含量降低,H_2、CH_4、C_2H_6 和 C_3H_8 含量显著升高,表明橄榄石在蚀变过程中能够产生大量的 H_2 和烃类气体。金强等(1998)也认为橄榄石在蛇纹石化过程中产生的 H_2(或者火山热液产生的 H_2)对烃源岩加氢及生成气态烃的数量非常可观。此外,金强和翟庆龙(2003)通过模拟实验也证实绿泥石有利于有机物的催化加氢,促使源岩低熟及早熟。

二、热液事件

热液活动往往与火山活动同期发生,水底热液携带大量营养物质进入湖泊或海洋,包括营养盐类,CO_2、CH_4 等热液气体以及 Fe、Mn、Zn 等金属元素(McKibben et al.,1990;Korzhinsky et al.,1994;Gao et al.,2018;刘全有等,2019)。这些物质可为微生物群落提供生存养料,促进微生物群落的丰富性,并且可以为藻类提供丰富的营养物质,使藻类繁盛,提高初级生产力(Fisk et al.,1998;Halbach et al.,2001;Thorseth et al.,2001;Lysnes et al.,2004;Mason et al.,2007;Staudigel,2008;Templeton and Knowles,2009;Xie et al.,2010;Wright,2012;Ciotoli et al.,2013;Procesi et al.,2019)。此外,热液喷发释放出的 H_2S、SO_2 等气体会造成水体分层更加明显,水体底部处于厌氧环境,有利于有机质保存(袁选俊等,2015;贺聪等,2017;贾智彬等,2018)。

近年来,火山-热液活动与油气富集显示出极强的耦合性,在世界范围内的诸多含油气盆地均有印证(胡文瑄,2016;Procesi et al.,2019;刘全有等,2019;柳益群等,2019;Jiao et al.,2020;吉利明等,2021)。Procesi 等(2019)基于对现今诸多实例的观察与研究,指出火山-热液活动及其相关沉积物的聚集作用往往发生在构造活跃带,例如弧后盆地/裂谷盆地和前陆盆地;大型油田也常常集中分布在这些区带发育的火山口附近 300 km 以内。这种火山-热液沉积系统与烃类聚集系统还可以进一步细分,由火山口至远端依次分为火山-热液地热系统、沉积岩型地热系统和烃类沉积系统。烃类物质主要出现在后两类系统中(图 2-16;Procesi et al.,2019)。

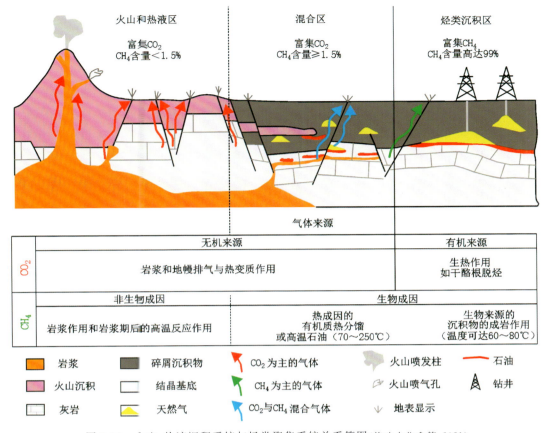

图 2-16　火山-热液沉积系统与烃类聚集系统关系简图（修改自焦鑫等，2021）

目前大多数学者认为热液活动对有机质富集有着重要的促进作用，但也有学者认为，相对高温高压的间歇性热液流体反而不利于生物生存，热液喷流产生的水体扰动较为剧烈，也有可能破坏湖底的缺氧环境，进而破坏有机质的富集（陈志鹏，2019）。

三、大洋缺氧事件

地质历史时期的海洋中，由于其底层水多次处于贫氧甚至缺氧的状态，造成富含有机碳的黑色页岩在各个大洋盆地广泛发育，这一现象常与大洋缺氧事件（Oceanic Anoxic Events，OAEs）联系起来，这其中尤以白垩纪大洋缺氧事件最被人们所熟知（Jenkyns，1980；Schlanger and Jenkyns，1976）。根据目前研究的结果，白垩纪大洋缺氧事件至少发生了8次，包括早白垩世瓦兰今期的 Weissert 事件，欧特里夫期的 Faraoni 事件，阿普特期至阿尔布期的 OAE 1a、1b、1c、1d 共计4期缺氧事件，晚白垩世塞诺曼期—土伦期界线的 OAE 2 和康尼亚克期—圣通期的 OAE 3，其中 OAE 1a 和 OAE 2 又被认为是全球性的古海洋学事件（胡修棉，2015）。OAE 1a 的发生和发展可能与 Ontong-Java 大火成岩省（Charbonnier and Föllmi，2017）或者大规模甲烷水合物的分解（Beerlinget al.，2002）等事件紧密相关。其中大规模火成岩省的活动，可引起大气中 CO_2 浓度的显著升高，温室效应加强，地表风化作用和水文循环活动也相应加剧,为湖泊藻类的繁盛提供了充足的陆源营养物质,显著提高湖泊古生产力(Erbacher et al.,1998；Larson and Erba,1999；Immenhauser,2009；Corbett and Morrison,2012)。

全球性大洋缺氧事件不仅表现在海洋中发育有黑色页岩,在陆相湖泊中也可见油页岩及暗色泥岩沉积(图2-17)。在 OAE 1a 时期,辽西地区的九佛堂组和酒泉盆地的下沟组均发育油页岩及暗色泥岩(Suarez et al.,2013；Zhang et al.,2016)；银额盆地含油页岩层系的巴音戈壁组二段也发现了热河生物群的典型化石分子(Zhang et al.,2014；Zuo et al.,2015；Li et al.,2016)。OAE 1b 可能对六盘山盆地也产生了影响,戴霜等(2012)研究了火石寨剖面马东山组下部发育的黑色页岩和灰岩组合,证实了这一点。中国东南沿海地区下白垩统普遍发育有多套黑色泥(页)岩,与 OAE 2 存在密切联系(胡广等,2014)；松辽盆地青山口组的缺氧事件也与 OAE 2 相吻合。嫩江组的缺氧事件可能与 OAE 3 有密切联系(侯读杰等,2003；孙平昌,2013)。

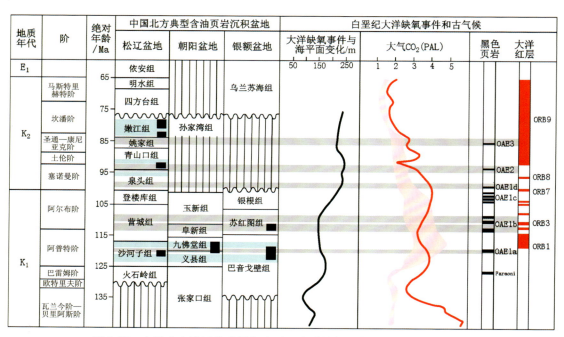

图 2-17 中国北方油页岩地层与白垩纪大洋缺氧事件(修改自柳蓉等,2021)

第三章

海相泥(页)岩生烃理论及研究进展

Tissot 和 Welte(1984)提出干酪根热降解晚期生烃学说,论述生油母质干酪根在温度的作用下生成石油和天然气的机理。其中被人熟知的便是Ⅰ型和Ⅱ型干酪根以生油为主,Ⅲ型干酪根则以生气为主(陈建平等,1998a,1998b,1998c;赵孟军等,1998;戴金星等,2001,2003)。该学说有效的指导了全球油气勘探和地质研究,同时也显著影响了中国的油气勘探、科研和教学等活动。时至今日,该学说依然占据主导地位。但是随着全球油气产量不断增长,勘探开发规模不断扩大,勘探领域迈向陆地深层、海洋深水和非常规油气,新的勘探过程凸显出来新问题和新现象引发学者们对 Tissot 学说的思考和讨论,近十年来陆续发展出天然气连续接力生成机理、有机质全过程生烃地质理论以及烃源岩有限空间生烃理论。

第一节 有机质连续接力生烃

根据 Tissot 干酪根热降解晚期生烃学说,油气形成过程大致可分为未成熟、低成熟、成熟、高成熟和过成熟 5 个演化阶段(图 3-1)。对于高—过成熟阶段($R_o \geqslant 1.6\%$),大量生油阶段已过,干酪根的生气潜力有多大,能否形成具有工业价值的天然气藏,高—过成熟阶段有机质成气机理又是如何?此外,海相成因天然气藏的发现也给学者们带来困惑,例如塔里木盆地和田河气田、铁山坡气田和四川盆地罗家寨气田等,这些天然气来源于何处,是过成熟烃源岩中干酪根的热裂解,还是源自早期形成的古油藏或呈分散状分布的液态烃的热裂解,二者的贡献比例又是如何?我国海相烃源岩热演化程度普遍较高($R_o > 1.3\%$),但大量已发现的天然气藏,经过研究确认,大多显示出晚期成藏的特点。因此,回答上述问题将有助于弄清我国高—过成熟地区勘探潜力与天然气晚期成藏机理。

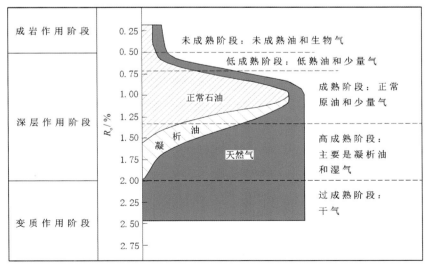

图 3-1 石油和天然气热生成模式图(关德范等,2012)

不同学者对气源灶有效性与生气母质来源进行了研究,陆续提出、丰富和完善了有机质"接力成气"机理,这里的"接力"是指成气过程中生气母质的转换和生气时机与贡献的接替。有机质接力成气机理的内涵在于两方面,一是干酪根热降解成气在前,液态烃和源岩中可溶有机质热裂解成气在后,二者在成气时机和先后贡献方面构成接力过程;二是干酪根热降解形成的液态烃只有一部分可排出烃源岩,相当多的部分呈分散状滞留在烃源岩内,在高—过成熟阶段($R_o>1.6\%$)会发生热裂解,使烃源岩仍具有良好的生气潜力。

一、高—过成熟干酪根生气潜力

固体^{13}C核磁共振技术是研究物质结构的有效手段之一,赵文智等(2005,2019)通过固体^{13}C核磁共振技术来探讨高—过成熟干酪根生气潜力。实验选取了不同类型和不同热演化程度的5组样品(表3-1)进行固体^{13}C核磁共振数据采集及分析,结果(图3-2)显示不同类型干酪根在不同演化阶段的脂碳率、油潜力碳和气潜力碳数值特征不同,主要体现在以下几个方面。

表 3-1　核磁共振分析的样品及其地球化学特征(赵文智等,2019)

系列	样品	有机质类型	模拟温度(样号)/℃	$R_o/\%$	原始样品基本地球化学特征
a	Irati 油页岩	Ⅰ	230(1)	0.65	TOC:6.96%
			250(2)	0.74	T_{max}:422℃
			310(3)	1.19	I_H:479mg/gTOC
			400(4)	1.96	S_1:6.30mg/g
					S_2:33.37mg/g
b	湖相灰泥岩	Ⅰ	原始样品(1)	0.64	TOC:4.75%
					R_o:0.64%
			300(2)	0.83	I_H:502mg/gTOC
			330(3)	1.02	S_1:0.66mg/g
					S_2:23.86mg/g
			360(4)	1.76	碳酸盐含量:50.7%
c	低位沼泽泥炭	Ⅱ	230(1)	0.52	TOC:37.88%
			310(2)	1.01	T_{max}:401℃
			340(3)	1.39	I_H:158mg/gTOC
			370(4)	1.80	S_1:24.11mg/g
			400(5)	2.07	S_2:59.70mg/g
d	沼泽泥炭	Ⅲ	230(1)	0.52	TOC:34.38%
					T_{max}:403℃
			310(2)	1.04	I_H:103mg/gTOC
					S_1:50.66mg/g
			370(3)	1.67	S_2:35.40mg/g

续表 3-1

系列	样品	有机质类型	模拟温度(样号)/℃	R_o/%	原始样品基本地球化学特征
e	自然演化系列	Ⅲ	(1)	0.58	TOC:0.43%,I_H:40mg/gTOC
			(2)	1.12	TOC:1.27%,I_H:24mg/gTOC
			(3)	1.43	TOC:1.50%,I_H:21mg/gTOC
			(4)	1.72	TOC:1.37%,I_H:18mg/gTOC
			(5)	2.51	TOC:0.22%,I_H:20mg/gTOC

注:TOC 为总有机碳;T_{max} 为热解烃峰顶温度;I_H 为氢指数;S_1 为游离烃量;S_2 为热解烃量。

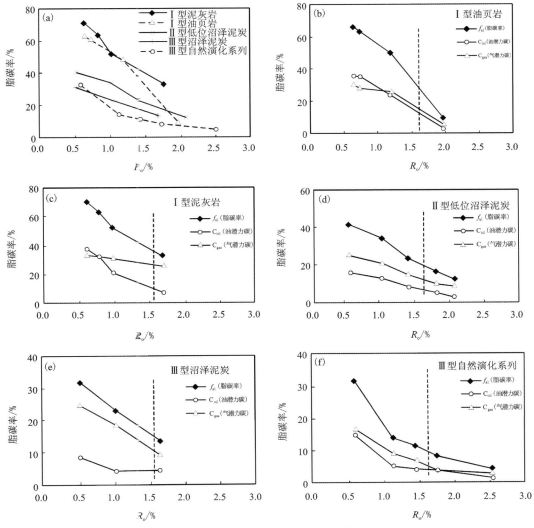

图 3-2 不同类型干酪根的脂碳率及油、气潜力碳变化趋势(赵文智等,2005,2019)

(1)比较不同类型母质生烃潜力大小[图3-2(a)],其中Ⅰ型脂碳率为63%~71%,Ⅱ~Ⅲ型脂碳率为31%~41%,这意味着Ⅰ型较Ⅱ和Ⅲ型母质含有更多能生成油气的脂族碳,生烃潜力大。

(2)比较同一类型母质在生烃热演化过程中的生油气量和油气比[图3-2(b)~(f)],其中Ⅰ型母质油潜力碳含量大于气潜力碳,反映在生烃演化过程中总生油量大于总生气量,油气比高,因此此类烃源灶有大量液态烃生成;Ⅱ~Ⅲ型母质则相反,油潜力碳含量小于气潜力碳,反映在生烃演化过程中,总生油量小于总生气量,油气比低。

(3)比较同一类型母质油潜力碳在不同演化阶段的含量变化,其中Ⅰ型和Ⅲ型油潜力碳含量在生油窗阶段均迅速减少,在 $R_o=1.3\%$ 时,分别已降至10%和5%以下,这表明已有大量液态烃生成;而到了高成熟阶段,油潜力碳含量很少并且降解速度也显著放缓。

(4)比较同一类型母质气潜力碳在不同演化阶段的含量变化,其中Ⅰ型和Ⅲ型气潜力碳含量在生油窗阶段稍微下降,表明在此阶段也有部分气的生成;在过成熟阶段($R_o \geqslant 2.0\%$),油潜力碳和气潜力碳均较低,表明生气量有限。

该实验结果显示,不同类型、不同热演化程度的干酪根,其母质生烃组分的结构和含量差异均很大,继而决定了其在生烃演化过程中生成油气数量。此外,实验结果还揭示了高—过成熟阶段Ⅰ、Ⅱ和Ⅲ型干酪根的气潜力碳含量均较低,表明生气潜力较小。因此,对于高—过成熟阶段干酪根生气潜力的问题,上述工作表明干酪根晚期热降解生气潜力是十分有限的。

二、有机质接力生气机理

1. 基本概念

有机质接力成气机理是对 Tissot 经典生烃模式在不同地质条件下的丰富、完善和发展,与 Tissot 生烃模式的差异具体表现在3方面:①细化天然气的成因,明确深层天然气的两种成因机制;②明确油裂解成气的热动力学条件和潜力;③明确油裂解型气源灶的3种赋存形式。

有机质接力成气机理推动了对液态滞留烃成藏潜力以及高—过成熟层系发现潜力的勘探,推动了对高成岩环境烃类有效排驱机理研究的进展。有机质接力成气机理的提出,完善了有机质成气理论,部分解释了我国天然气晚期成藏的机理问题,增大了天然气资源赋存深度与范围,揭示了我国一些烃源岩热演化为高—过成熟的地区仍然有良好的天然气勘探潜力(赵文智等,2005;2011)。

2. 干酪根降解和原油裂解

1)生排烃模拟实验

自然条件下,烃源岩生烃过程需经历漫长而复杂的地质过程,要还原这一自然演化过程是困难的,可行的办法是采用室内热模拟实验。虽然模拟实验往往具有一定的局限性,但大量的实验结果也表明热模拟实验可以与烃源岩的天然演化结果相模拟(贾蓉芬等,1983;1987;张振才等,1987;梁狄刚等,1988;刘宝泉等,1990;刘宝泉和贾蓉芬,1990)。热模拟实验可以帮助我们在短时间内观察和研究油气生成的数量、干酪根热演化过程的某些特征等,是目前最为有效的方法之一。

为了确定海相成因天然气藏的天然气来源,赵文智等(2005)设计了生排烃热模拟实验,用来对比有机质生气量以及确定原油裂解生气的时机。实验思路上,采用了两种体系,即开放体系和封闭体系。两种体系有各自的特点,其中开放体系边生烃边排烃,产生的天然气主要是干酪根热降解产物;封闭体系则由于实验体系封闭的缘由,产生的天然气包含了干酪根热降解气和原油热裂解气。两者结果的差值便可以得到原油裂解的生气量。实验样品的选择上,理想的样品应具备有机质丰度高,热演化程度低的特点,加拿大威利斯顿盆地奥陶系海相灰泥岩符合这一标准。这些样品一些重要的地球化学参数包括有机质类型为II_1型、TOC=31.8%、R_o=0.61%和I_H=377mg/gTOC。考虑到可溶有机质的参与,开放体系的原始样品在进行模拟实验前,尚需用氯仿抽提72h,以去除可溶有机质的影响。

实验结果显示(图3-3),在生气时机上,R_o在1.0%~1.8%时,干酪根热降解大量生气,更细致来看,生气主要发生在R_o达到1.6%之前,而在R_o>1.6%之后,原油热裂解气大量生成;在生气数量上,原油裂解的生气量要远大于干酪根降解,大约是后者的4倍。总的来说,原油裂解在生气时机上晚于干酪根热降解,这一节点为R_o=1.6%,但生气量前者远大于后者。

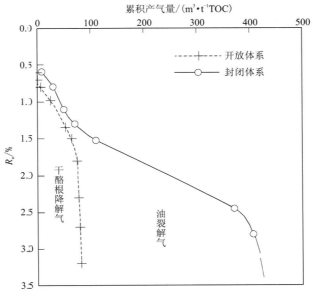

图3-3 同一样品在封闭和开放体系下的有机质生气量(赵文智等,2019)

上述实验结果揭示,在高—过成熟阶段,原油裂解气是天然气成藏的重要贡献者。因此在我国海相地层高演化地区,原油裂解气使勘探找气仍有良好的发现前景。

2)生烃动力学研究

为进一步确定不同类型干酪根与原油的主生气期,尚需要进行详细的生烃动力学研究。实验样品选取代表Ⅰ、Ⅱ和Ⅲ型干酪根的烃源岩以及原油,后者样品来自轮南地区下古生界轮古2井的海相原油。实验结果可获得不同类型干酪根天然气转化率曲线(图3-4)。主生气期确立的依据为:①天然气的生成量,主生气期产生的天然气量应占总生气量的70%~80%;②天然气转化率曲线中,斜率发生突变的位置。基于上述两点,实验结果显示:Ⅰ型干酪根主生气期对应的R_o为1.2%~2.3%,Ⅱ型和Ⅲ型分别为1.1%~2.6%和0.7%~2.0%,原油主生气期对应的R_o为1.5%~3.5%。上述结果表明原油主生气期要明显滞后于干酪根。

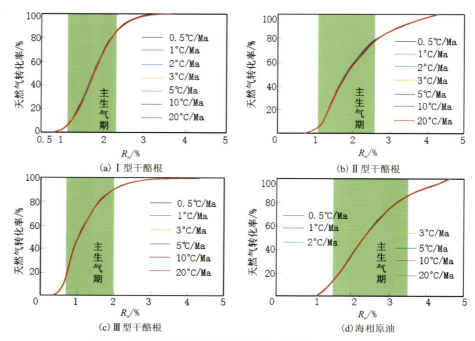

图3-4 不同类型干酪根天然气转化率曲线(赵文智等,2019)

3. 分散液态烃裂

干酪根在生油窗阶段生成的液态烃主要有源内、源外分散状液态烃和源外富集型液态烃3种赋存形式。源内分散状液态烃是指干酪根生成的液态烃滞留在烃源岩内,尚未发生初次运移;源外分散状液态烃则经初次运移至储集层中,但此时液态烃富集程度较低;源外富集型液态烃,也称古油藏(图3-5)。

原油裂解过程会受到诸多因素的影响,其中烃源岩类型不同会造成产生的原油化学组成和物性存在较大差异,进而导致原油在开始裂解需要的温度、主生气期和裂解结束时的温度等方面存在差异。此外,分散可溶有机质有不同的赋存形式,存在于不同的岩性中,因而周围环境条件均会对分散可溶有机质裂解成气造成影响,这些影响因素包括赋存介质条件和压力等。

1)不同介质条件对原油裂解生气的影响

为了研究不同赋存介质条件对原油裂解生气的影响,赵文智等(2019)设计了一项不同赋存状态下原油裂解成气的动力学研究实验。实验选取不同岩性的样品与油配置,在金管封闭体系中进行生烃动力学实验,并与纯原油(代表古油藏中的油)做对比。样品来自塔里木盆地

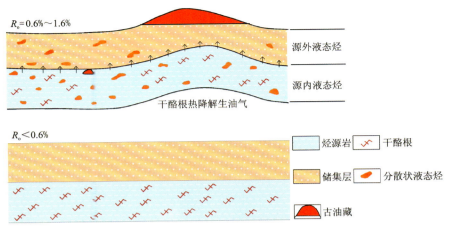

图 3-5 液态烃的 3 种主要赋存状态(赵文智等,2005,2019)

古生界的泥岩、灰岩和砂岩样品,该地区的研究资料显示,泥岩、灰岩和泥灰岩多见源内分散型液态烃,砂岩和灰岩多见源外分散型液态烃,分别以 2℃/h 和 20℃/h 升温速率进行升温。此外,该实验还对挑选的泥岩、灰岩和细砂岩进行抽提,以去除样品本身生气的影响。实验可获得甲烷产率及拟合曲线(图 3-6)。

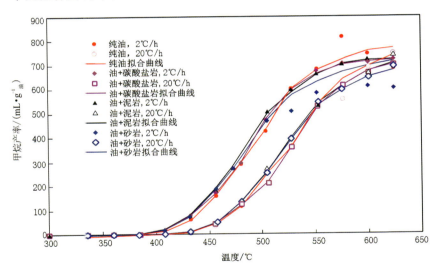

图 3-6 甲烷在不同介质条件下的产率及其拟合曲线(赵文智等,2019)

结果显示,原油累计产气量不受介质条件影响,不同介质条件下原油累计产气量相同。不同的原油,其裂解累计产气量存在一定的差别,这与原油的性质、组分含量、演化程度及后期是否遭受次生变化等因素有较大关系。

实验结果亦揭示介质条件不同,甲烷的生成活化能分布也有差异(图 3-7)。其中砂岩对油裂解条件影响最小,对降低甲烷生成活化能作用有限,泥岩次之,碳酸盐岩对油裂解条件影响最大,对降低甲烷生成活化能作用显著,导致原油裂解热学条件降低,即原油发生裂解温度降低。

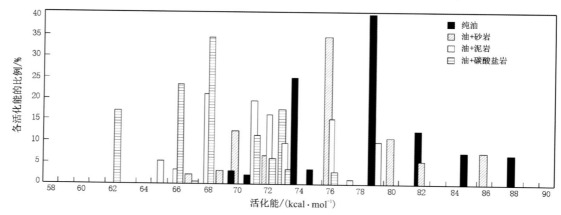

图 3-7　甲烷在不同介质条件下的生成活化能分布（赵文智等，2019）

上述 3 种介质条件，即砂岩、泥岩和碳酸盐岩，对油的催化作用依次增强，其主生气期也不同。纯原油对应的 R_o 值为 1.5%～3.8%；砂岩中的分散原油为 1.4%～3.6%；泥岩为 1.3%～3.4%；碳酸盐岩为 1.2%～3.2%（图 3-8）。

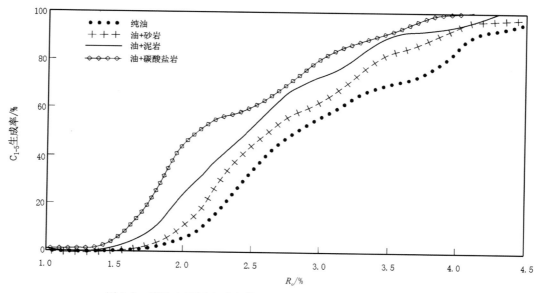

图 3-8　原油在不同介质条件下裂解生气的特征（赵文智等，2019）

2）压力对原油裂解生气的影响

为探讨压力对原油裂解作用的影响，实验模拟了 3 种不同的压力条件，将同一油样置于金管封闭体系下进行。实验设置了 50MPa、100MPa 和 200MPa 这 3 种不同的压力条件，封闭体系分别以 2℃/h 慢速率和 20℃/h 快速率进行升温，收集、定量和组分分析产生的气体。实验结果得到 6 组实验数据（图 3-9），数据显示压力对原油裂解作用的影响较为复杂，具体体现在以下 3 个方面。

（1）慢速率升温条件下，压力会抑制油裂解生气的生成，随着压力的增大，同一温度条件下,原油裂解生气数量减少。

(2)快速率升温条件下,压力对油裂解生气作用的影响不明显。

(3)压力在原油裂解的不同阶段,其影响效果也不同,在高演化阶段作用更为显著,压力对裂解过程的影响增强,可使液态烃裂解过程延至更高演化阶段。

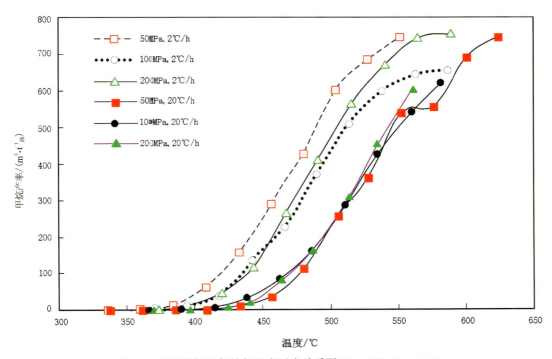

图 3-9 原油裂解生气量与温度压力关系图(赵文智等,2011,2019)

3)不同性质原油裂解生气的起点和终点

原油裂解是长链烃类混合物转化为短链烃类混合物,并最终转化为甲烷的过程。塔里木盆地轮南地区不同性质的海相原油,其裂解生成烃类气体和甲烷的活化能分布显示(图3-10),短碳链要比长碳链更难断裂,环状化合物断裂要比链状化合物需要更高的活化能。

原油在 150~160℃ 开始发生裂解,取转化率为 5% 作为裂解气的开始,此时 R_o 约为 1.3%,地质温度为 162℃。以 R_o 为 2.0% 作为原油裂解生气的终点,原油裂解生成重烃气,体积转化率为 65%,地质温度为 200℃。R_o 为 1.2%~2.0% 时主要是湿气生成阶段,R_o>2.0% 后则主要是重烃气的裂解阶段。

基于分散液态烃裂解成气的模拟实验结果,综合分析温度、压力和介质等条件对原油裂解边界条件的影响,干酪根生气及可溶有机质裂解成气的双峰式生气演化模式如图 3-11 所示。

三、排烃效率

为弄清烃源岩排烃后有多少液态烃滞留在其中,以及形成经济规模的天然气资源所需的最低滞留烃量,需要通过模拟实验来获得不同类型烃源岩的排烃效率,进而利用热裂解资料对滞留烃数量作统计分析。

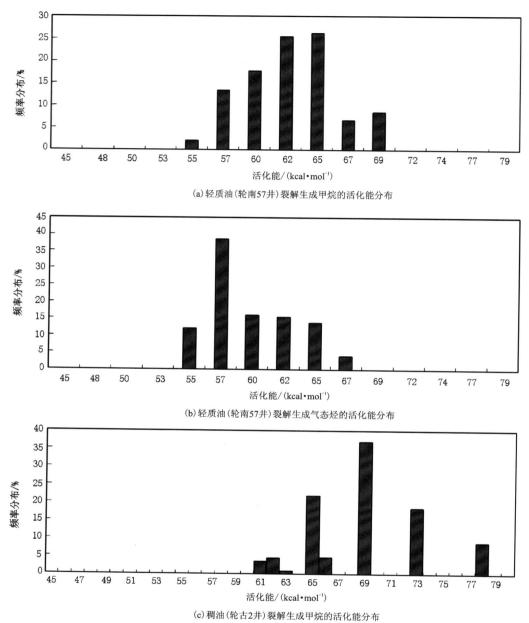

(a) 轻质油（轮南57井）裂解生成甲烷的活化能分布

(b) 轻质油（轮南57井）裂解生成气态烃的活化能分布

(c) 稠油（轮古2井）裂解生成甲烷的活化能分布

图 3-10　塔里木盆地轮南地区不同性质原油裂解生成烃类气体和甲烷的活化能分布（赵文智等，2019）

1. 主控因素

影响烃源岩排烃效率的因素众多，可归纳为内因因素和外因因素（图 3-12）。内因主要是涉及烃源岩自身的特性，包括烃源岩岩性、所处的成岩演化阶段、物性特征（孔隙度和渗透率等）和单层厚度以及烃源岩的有机质丰度、类型和演化程度。外因涉及到疏导层的岩性、物性特征、与烃源岩的接触关系以及构造作用力（包括断裂、裂缝和不整合面等）。

第三章 海相泥(页)岩生烃理论及研究进展

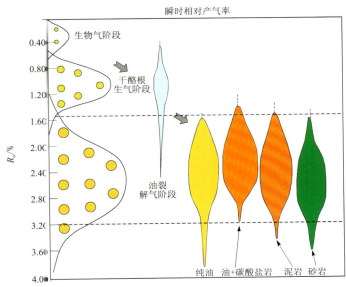

图 3-11 有机质接力双峰式生气演化模式图(赵文智等,2011)

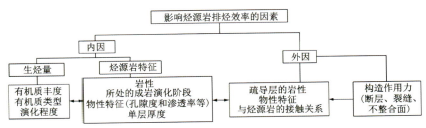

图 3-12 影响烃源岩排烃效率的因素(赵文智等,2019)

2. 模拟实验

实验选取岩性不同、有机质丰度不同的烃源岩进行生排烃模拟研究。样品的岩性、有机质丰度和热演化程度如表 3-2 所示。实验结果可获得液态烃排出效率如图 3-13 所示,每个样品在不同演化阶段排油率不同,但均有一个排烃突变阶段,也就是液态烃大量排出阶段,对应的 R_o 值多为 $0.6\%\sim1.2\%$。烃源岩岩性不同,有机质丰度不同,其排烃效率也不同。有机质丰度较低的烃源岩(TOC<1.0%),其最大排油率为 $45\%\sim55\%$;而有机质丰度较高的油页岩,最大排油率可达 80% 左右。根据图 3-13 所示,油页岩的排油率在 R_o 值大于 1.4% 的高成熟阶段急剧增大。

表 3-2 实验样品的岩性、有机质丰度和热演化程度

岩性	华北下马岭组灰岩	山西灰岩	泌阳古近系泥灰岩	唐山油页岩	广东茂名油页岩
TOC	0.62%	0.68%	4.75%	7.55%	10.08%
R_o	0.68%	0.58%	0.64%	0.60%	0.34%

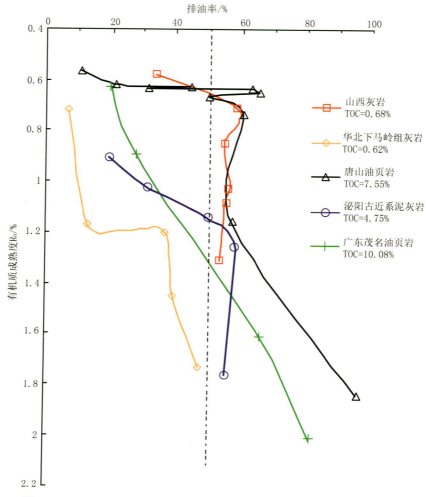

图 3-13 烃源岩排油率与岩性、有机质成熟度关系图(赵文智等，2011，2019)

不同类型烃源岩排烃效率模拟实验揭示，液态烃滞留于烃源岩内是普遍现象，尤其是在有机质丰度较低的情况下。

3. 滞留液态烃

烃源岩中滞留液态烃的数量可使用样品岩石热解分析中的数据进行统计。其中一项参数 S_1 反映样品加热到 300℃ 时释放出的烃类气体，基本代表样品中分散可溶有机质的数量。来自塔里木古生界海相烃源岩和渤海湾古近系湖相泥岩的数据显示(图 3-14)，分散可溶有机质含量在油气生成的整个演化历史中表现出明显的变化特征。温度值 435℃ 和 455℃ 将整个演化过程划分为 3 个阶段，435℃ 以前为未熟—低熟阶段，大于 455℃ 为高—过成熟阶段，435℃～455℃ 的温度区间为生油窗阶段。

经过对比，435℃ 以前，渤海湾古近系湖相泥岩源内可溶有机质 S_1 含量较塔里木古生界海相烃源岩中的高。其原因在于前者泥岩有机质中 N、O 等杂原子化合物含量高，分子键能较

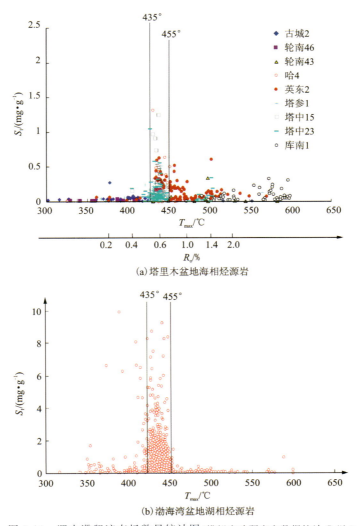

图 3-14　源内滞留液态烃数量统计图（模拟实验研究和数据统计 S_1 以 0.1mg/g 为源内分散液态烃裂解成气的经济下限标准；赵文智等，2011，2019）

弱,可以在较低演化阶段大量断裂从而形成未熟—低熟油。455℃之后,渤海湾湖相泥岩 S_1 迅速降至最低,提示滞留烃的大量排出。其原因在于渤海湾古近系湖相泥岩有机质丰度高,并且断层、裂缝等排油条件发育较好,因此排烃率很高,滞留烃的数量少。而塔里木海相烃源岩在此阶段表现不同,仍含有一定数量的可溶有机质。其缘由在于二者油气地质条件不同,其中最为重要的一点是前者有机质丰度较低,TOC<1.0% 的烃源岩占较大比例。435~455℃的温度区间,塔里木和渤海湾样品中分散可溶有机质含量均处于顶峰。

　　上述实验结果表明应在"液态窗"范围内（R_o=0.6%~1.2%）统计滞留烃的数量。烃源岩滞留烃数量达到多大门限时,会有经济规模的天然气生成？赵文智等（2011）认为要回答这一问题有两个因素需要重点关注：①烃源岩黏土颗粒和有机物表面吸附作用以及超微孔隙饱和之后,依然有足够的天然气量,在条件具备时可向源外排驱；②要保证排出的天然气数量具有规模性,烃源岩总体积要足够大。王兆云等(2009)基于实验模拟,将这一下限值定为 $S_1 = 0.1\text{mg/g}$。在这个标准下,滞留烃在高—过成熟阶段完全可以成为天然气规模生成和成藏的有效气源灶。

四、分散可溶有机质丰度下限

分散可溶有机质要成为气源岩,其丰度有一个最低标准,此时分散可溶有机质的生烃总量形成的资源前景刚好能够满足有效的油气聚集以及形成工业气藏,这个标准就是生气下限值。对于评价海相地层或碳酸盐岩地层中的烃源岩,其有机质丰度的下限值为 TOC=0.4%~0.5%(梁狄刚等,2000),湖相泥质烃源岩的下限值为 TOC=0.4%或者生烃潜量 S_1+S_2 为 0.5mg/g。分散可溶有机质生气下限,跟干酪根相似,需通过模拟实验确定。

实验设置3组,分别为降解原油+灰岩,正常原油+灰岩以及正常原油+砂岩,进行热模拟实验。结果显示可溶有机质丰度的生气下限值因其赋存围岩的不同而存在着一定的差异。降解原油+灰岩组经实验模拟确定的有机质丰度下限为 0.017%(图 3-15),正常原油+灰岩机质丰度下限为 0.029%(图 3-16),正常原油+砂岩为 0.019 8%(图 3-17)。基于以上实验结果并综合考虑分散可溶有机质不同赋存围岩的岩性特征及吸附量,最终将分散可溶有机质生烃下限定为 0.02%~0.03%。

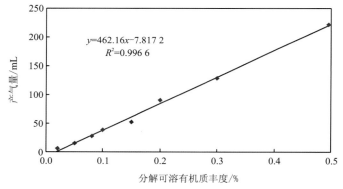

图 3-15 降解原油+灰岩分散可溶有机质丰度下限(赵文智等,2019)

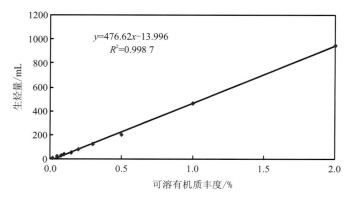

图 3-16 正常原油+灰岩分散可溶有机质丰度下限(赵文智等,2019)

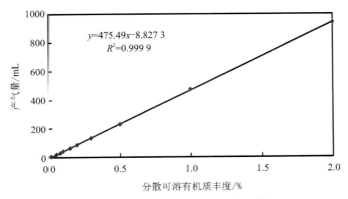

图 3-17　正常原油＋砂岩分散可溶有机质丰度下限(赵文智等,2019)

第二节　有机质全过程生烃

李剑等(2018)在评述 Tissot 模式时指出,该模式对烃源岩在高—过成熟阶段的生烃研究不够充分,阐述较粗略,特别是原油裂解气,没有进一步细分;此外 Tissot 模式也没有明确生烃下限,不同演化阶段排出烃量与滞留于烃源岩中的烃量也缺乏相应的研究。十余年来,分散液态烃的生气潜力和成藏地位引起广泛关注(郑伦举等,2008;王铜山等,2010;赵文智等,2015),干酪根、原油和分散液态烃等不同来源的天然气产率和地球化学特征经前人研究,也具有明显区别(王云鹏等,2007;郑伦举等,2008;刘文汇等,2012)。Tissot 模式已难以满足现代海相多元生烃研究的需要,特别是对深层天然气来源的判识会造成误差。因此李剑等(2018)在 Tissot 模式和有机质接力生气模式的基础上,详细研究了有机质在成熟—高成熟—过成熟阶段的热解生烃过程,基于有机质接力生气模式中的未熟阶段生气模式,建立了新的烃源岩全过程生烃演化模式。

一、原油裂解气生成模式

前文已提及原油裂解过程受诸多因素的影响,包括不同类型的烃源岩、赋存介质和压力。除此之外,原油性质、黏土矿物、碳酸盐岩矿物、水、硫酸盐热化学还原作用(TSR)等多种因素同样会影响原油裂解气的生成量以及时限。魏国齐等(2017)对上述影响因素进行了详细的研究,得到以下结果。

(1)原油性质对原油裂解生气的影响。轻质油和凝析油的轻质组分含量最高,因而热稳定性最高;相对的重质油的重质组分和不稳定化合物含量较高,热稳定性较低,裂解生气所需的活化能较低。在 200~230℃时,通常正常海相原油会大量裂解或液相消失,轻质原油或高蜡完全裂解生成的气态烃产量单位质量最高为 800m³/t(最大质量产量为 600mg/g),明显高于正常原油和重质油,后者胶质和沥青质含量较高,其最大烃类气体产量分别为 680m³/t 和 599m³/t,最大质量产量分别为 500mg/g 和 450mg/g。

(2)黏土矿物对原油裂解生气的影响。纯的蒙脱石对原油或烃类裂解具有一定的催化作用,早期形成的无序的或有序的 R1 型伊/蒙混层往往具有更高的催化活性。而进入高度有序的伊/蒙混层(R3 型)以及伊利石矿物,对降低烃类或原油裂解反应的活化能效果甚微,催化作用不明显,甚至不具有催化作用。

(3)水及水岩介质对原油裂解生气的影响。水的存在有利于原油的裂解。黄金管热模拟实验比较了无水和有水条件下原油恒温热解的气体产物,结果表明,水的加入会轻微降低裂解反应的活化能,从而促进总气体和烃类气体的生成。硫酸盐热化学还原作用(TSR)催化原油裂解作用显著,可以大幅降低原油的热稳定性,并且生成的甲烷气量也要低于正常原油。

(4)不同地质条件下原油裂解气生成模式。地质条件会影响原油裂解过程,表现在生气潜力和裂解门限温度两个方面。相对来说,源外或油藏中聚集的正常原油,其生气潜力和裂解门限温度均较高[图 3-18(a)]。源内残留液态烃裂解气最大产率为 500 $m^3/t_{油}$($t_{油}$ 表示每吨原油的量),源外正常原油裂解气最大产率为 650 $m^3/t_{油}$,TSR 作用裂解气最大产率为 550 $m^3/t_{油}$。源内原油完全裂解需要的温度为 190℃ 左右[图 3-18(b)],相应的 R_o 在 2.0% 左右。源外(油藏)正常原油完全裂解需要更高的温度,高达 220℃,而 TSR 可大幅降低原油裂解的活化能,将原油开始裂解需要的温度显著降低到 140℃。不同地质条件下原油裂解气生成模式的建立,拓宽了原油裂解温度范围,扩大了勘探领域。

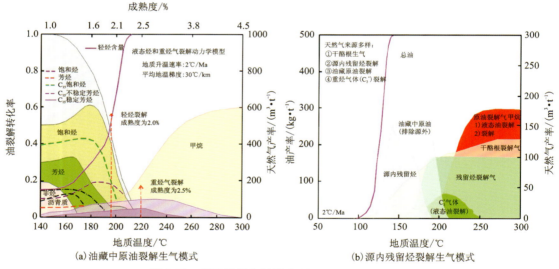

图 3-18　原油裂解生气模式(修改自魏国齐等,2017)

二、滞留烃

在高—过成熟阶段,原油裂解气是天然气成藏的重要贡献者,滞留烃则是原油裂解气的重要来源(Prinzhofer and Huc,1995;Schenk et al.,1997;Waples,2000)。海相地层的天然气资源,滞留烃二次裂解生成的天然气占据很大比例,因此对滞留烃的定量研究意义重大。李剑等(2015)通过实验模拟和地质剖面解剖,计算出我国重点盆地不同类型、不同丰度和不同演化阶段的滞留烃量，建立了 5 种不同类型烃源岩滞留烃定量评价模型。

实验设计了两种思路，正演和反演，即实验模拟法和地质剖面解剖法，前者可直接定量滞留烃，后者则是通过排烃效率的求取来获得滞留烃量。实验模拟法需要尽可能模拟真实的地质条件，但现实中的地质条件是极其复杂的，想要完全还原这些条件是不可能的，因此需要用地质剖面解剖法来验证实验模拟法是否准确可靠。

实验样品共计 12 件，需满足有机质类型不同、丰度不同以及样品热演化程度低等条件。

实验结果综合了实验模拟法和地质剖面解剖法，获得不同类型烃源岩的排烃效率随热演化程度的变化趋势（图 3-19）。结果显示，腐泥型和偏腐泥混合型烃源岩[图 3-19(a)、(b)]具有以下 3 个特征：①低成熟阶段时，排烃效率低于 20%；②$R_o=0.8\%\sim1.3\%$ 是主生油窗口，排烃效率范围为 20%～50%；③$R_o=1.3\%\sim2.0\%$，排烃效率可达 50%～80%。烃源岩在高—过成熟演化阶段，滞留烃裂解程度高，特别是轻质烃类的大量形成会提高流体的流动性，提升排烃效率（Bowker，2003；Montgomery et al.，2005）。相对于腐泥型和偏腐泥混合型烃源岩，偏腐殖混合型和腐殖型有机质排烃效率[图 3-19(c)、(d)]较低，在各个相应的热演化阶段要低约 10%。

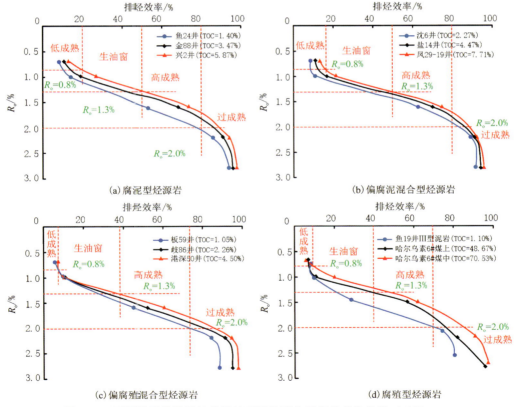

图 3-19 不同类型烃源岩的排烃效率随热演化程度的变化趋势（李剑等，2015）

实验揭示有机质丰度、类型和成熟度与排烃效率呈正相关,有机质丰度越高,有机质类型越好以及有机质成熟度越高,排烃效率也越高。收集实验中滞留于烃源岩中的烃类,进行定量分析,建立滞留烃定量评价模型(图3-20),为源内滞留烃及其裂解气资源潜力预测提供了技术支持。

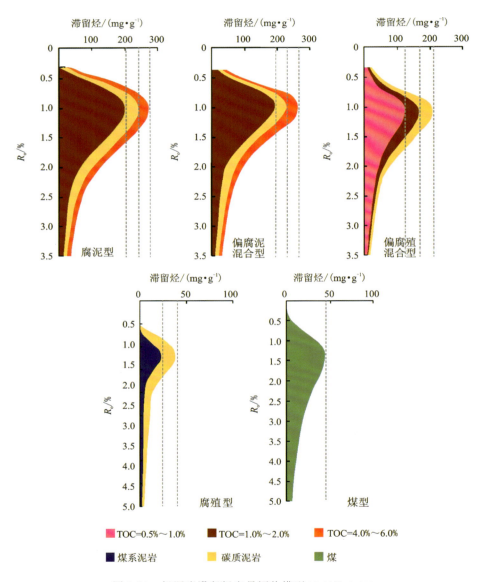

图 3-20　烃源岩滞留烃定量评价模型(李剑等,2015)

三、腐泥型干酪根热降解

1. 热降解成气潜力

近年来,随着我国海相层系单个气藏规模最大的安岳特大型气田的发现(杜金虎等,

2014;邹才能等,2014;魏国齐等,2015)以及四川盆地高石1井震旦系灯影组二段百万立方米高产工业气流的获得,学者们深刻地认识到海相腐泥型烃源岩早期生成的液态烃在高—过成熟阶段大量裂解生气,与干酪根热降解气共同提供海相碳酸盐岩晚期气藏形成的重要气源。但二者贡献多少比例的天然气仍有争议。

为探讨腐泥型有机质源自干酪根直接降解成气与已生成原油裂解二次裂解产气的潜力,谢增业等(2016)对原始干酪根、残余干酪根和原油开展了生气模拟实验以及模拟产物的相关分析。

实验采用了高温高压黄金管体系和常规高压釜热模拟实验装置,实验样品为低成熟腐泥型页岩,来自华北张家口地区新元古界青白口系下马岭组,其主要地球化学参数见表3-3。

表3-3 张家口地区下马岭组低成熟腐泥型页岩主要地球化学参数(谢增业等,2016)

参数	TOC/%	(S_1-S_2)/(mg·g^{-1})	I_H/(mg·g^{-1})	H/C	O/C	$\delta^{13}C_干$/‰	T_{max}/℃	等效R_o/%
数值	2.79	15.04	539	1.11	0.04	-31.5	432	0.52

实验获得下马岭组原油、原始干酪根和残余干酪根热模拟产气率(图3-21),3种不同的有机质生气潜力及生气高峰阶段均有差异(表3-4)。实验结果揭示:①模拟温度398～566℃是腐泥型有机质的主生气期,相当于R_o=1.0%～2.5%,生气量可达总气量的70%～85%,温度高于566℃(R_o>2.5%)以后的生气量占总量的比例不到15%;②模拟温度达到398℃,腐泥型有机质进入生油高峰期,干酪根直接热降解的生气量约占有机质总生气量的20%左右;③原油裂解主成气范围较窄,集中在422～456℃,该阶段生气量占总量的85.5%,温度高于566℃以后生气量急剧下降,仅占4%;④干酪根降解成气贯穿演化的全过程,并且在温度高于566℃以后依然产生一定的生气量,约占14%。

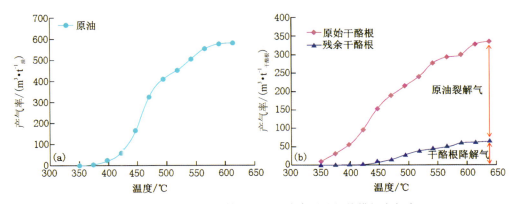

图3-21 张家口地区下马岭组原油、原始干酪根和残余干酪根热模拟产气率(谢增业等,2016)

表 3-4　张家口地区下马岭组原油、原始干酪根和残余干酪根生气潜力对比(谢增业等,2016)

有机质	总产气率/(m³·t⁻¹)	生气高峰温度/℃	各温度阶段产气率及占比
原油	594	422~566	温度<422℃:60.24/10.1% 温度 422~566℃:508.17/85.5% 温度>566℃:25.94/4.4%
原始干酪根	336	398~566	温度<398℃:67/20% 温度 398~566℃:233/69.4% 温度>566℃:35.5/10.6%
残余干酪根	65	446~566	温度<446℃:8.09/12.5% 温度 446~566℃:47.73/73.5% 温度>566℃:9.1/14%

注:60.24/10.1%,其中 60.24 为产气率,m³/t;10.1%为占比

2. 干酪根降解气和原油裂解气判识

如何判别天然气是来自干酪根初次降解还是原油二次裂解？经典的做法是利用图版来对天然气成因类型进行鉴别。该图版是 Prinzhofer and Huc(1995)根据 Behar 等(1992)的实验数据所建立的,主要是基于 $\ln(C_1/C_2)$-$\ln(C_2/C_3)$ 以及 $(\delta^{13}C_2$-$\delta^{13}C_3)$-$\ln(C_2/C_3)$ 的变化特征。随着近些年天然气领域研究的深入,图版逐渐显现出其局限性,主要体现在 3 个方面:①干酪根类型较局限,图版的建立是基于Ⅱ型和Ⅲ型干酪根的模拟结果;②$\ln(C_1/C_2)$ 和 $\ln(C_2/C_3)$ 值均较小,反映实验模拟处在较低的热演化阶段;③没有反映演化阶段对 C_1/C_2 和 C_2/C_3 的影响。

为深入探讨两类天然气特征的差异,谢增业等(2016)对原始干酪根、残余干酪根和原油开展了生气模拟实验和模拟产物的相关分析。

实验获得原油、原始干酪根和残余干酪根模拟气体 C_1-C_3 随模拟温度升高而变化的趋势(图 3-22)。

(1)原油裂解气。原油裂解气随模拟温度升高,C_1 产率增大,最终产量可达 590.9m³/t;比较低升温速率(2℃/h)与高升温速率(20℃/h),二者 C_1 产率基本相当,但在裂解气生成的高峰期,相同温度下,甲烷产率在低升温速率下较大[图 3-22(a)];C_2 和 C_3 呈现出相似的演化规律[图 3-22(b)],低升温速率下,C_2 和 C_3 生成高峰的温度分别为 494℃和 470℃,高升温速率下,C_2 和 C_3 生成高峰的温度分别为 542℃和 518℃;2℃/h 升温速率下 C_3 产率迅速降低的温度值为 542℃,20℃/h 升温速率下为 566℃。

(2)原始干酪根降解气。原始干酪根降解气随模拟温度的升高,C_1 产率增大,最终产量可达 335m³/t[图 3-22(c)];C_2 和 C_3 生成高峰的温度分别为 494℃和 470℃[图 3-22(d)],且二者产率迅速降低的温度值,C_2 在 566℃,C_3 在 518℃。

(3)残余干酪根降解气。残余干酪根降解气随模拟温度升高,C_1产率增大,最终产量可达 65m³/t[图 3-22(c)];C_2 和 C_3 的产率不高,总体较低,生成高峰的温度均为 446℃[图 3-22(e)];C_3 产率在 542℃后显著降低[图 3-22(f)]。

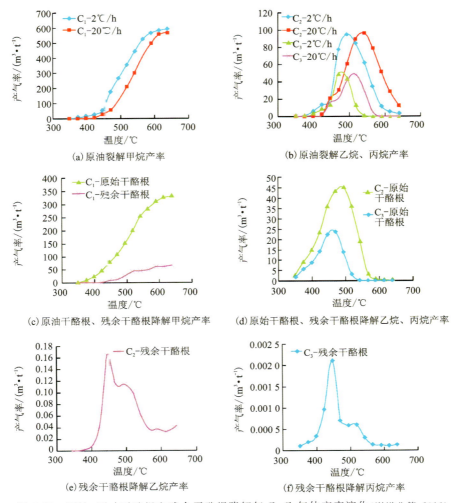

图 3-22　原油、原始干酪根和残余干酪根降解气 C_1-C_3 气体产率演化(谢增业等,2016)

原油、原始干酪根和残余干酪根降解气的 $\ln(C_1/C_2)$ 与 $\ln(C_2/C_3)$ 随模拟温度变化,呈现出不同的演化特征。原油裂解气显示出明显的两段式特征,原始干酪根和残余干酪根降解气则表现为四段式特征(图 3-23)。这种差异的出现,谢增业等(2016)推测与 3 个因素有关:原油和干酪根的结构差异、裂解或降解生成烃类气体的速率及所需活化能的大小。

基于以上认识,谢增业等(2016)新建考虑演化阶段的干酪根降解气和原油裂解气 $\ln(C_1/C_2)$-$\ln(C_2/C_3)$ 判识图版(图 3-24),并且将新建的图版应用于四川盆地主要层系天然气的成因判别,认为四川盆地震旦系—寒武系天然气主要为原油裂解气,而须家河组天然气主要为干酪根降解气。

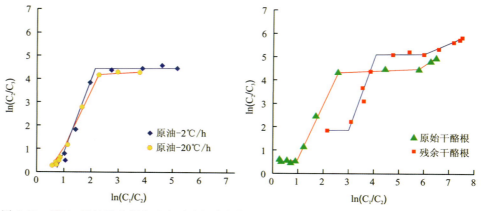

图 3-23 原油、原始干酪根和残余干酪根降解气 C_1/C_2 与 C_2/C_3 温度变化特征（谢增业等，2016）

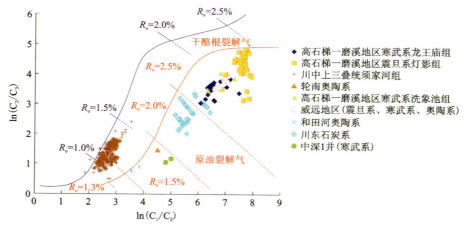

图 3-24 干酪根降解气与原油裂解气判识图（谢增业等，2016）

腐泥型干酪根热降解成气潜力及裂解气判识的实验结果对天然气勘探部署有重要的启示：在腐泥型烃源岩发育区，高—过成熟演化阶段勘探对象应以寻找原油裂解气（包括分散液态烃裂解气）为主要目标，而非烃源岩晚期干酪根热降解气。实验结果可为有机质全过程生烃演化轨迹曲线的确定提供重要依据。

四、全过程生烃模式

为进一步完善有机质生烃理论，在经典的 Tissot 干酪根热降解生烃和有机质接力成气模式基础上，李剑等（2018）对烃源岩全过程生烃演化特征、排烃效率与滞留烃量、高—过成熟阶段天然气来源及甲烷同系物裂解温度等问题开展了深入探讨，建立新的烃源岩全过程生烃演化模式。

实验设计了 3 种实验体系，包括地层条件下半开放体系的生排烃模拟实验、封闭体系的黄金管生烃模拟实验以及开放体系的高温热解炉结合色谱与质谱检测的方法。三种实验侧重点不同，第一种实验主要目的是研究生排烃效率及滞留烃量；黄金管生烃模拟实验用于研究干酪根初次降解气、原油裂解气定量和天然气裂解时机;最后一种实验方案用于研究甲烷裂解温度。实验样品的主要地球化学参数见表3-5。

1. 生油高峰期生烃潜力

利用地层条件下半干放体系的生排烃模拟实验,获得下马岭组泥(页)岩滞留烃、原油及总烃的演化曲线(图3-25)。结果显示,生油高峰期对应的R_o值约为1.0%,产烃率高峰值可达321mg/g,占此时生烃量的89.2%;滞留烃的产量也在此时达到峰值,为212.9mg/g,但累计生气量很少,仅为39mg/g,只占生烃量的10.8%。进入高成熟阶段后原油开始大量裂解,天然气含量大幅提高。

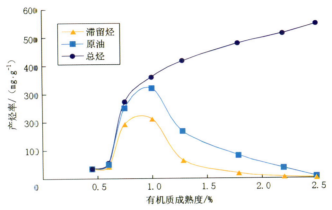

图3-25　张家口地区下马岭组泥(页)岩滞留烃、原油及总烃模拟演化曲线(李剑等,2018)

2. 排烃效率与滞留烃量

选取松辽盆地和渤海湾盆地优质腐泥型烃源岩,进行地层条件下半开放体系模拟实验,计算排烃效率和滞留烃量。结果表明,低熟阶段(R_o<0.8%)排烃效率低于20%;生油窗阶段(R_o为0.8%～1.3%)排烃效率为20%～50%;高成熟阶段(R_o为1.3%～2.0%)排烃效率可以达到50%～80%。

选择渤海湾盆地歧口凹陷腐泥型烃源岩,运用地质剖面解剖的方法进行地质参数解析,计算排烃效率。结果表明,在生油高峰阶段,渤海湾盆地腐泥型烃源岩的排烃效率集中在30%～60%。

综合评价上述两种方法的结果后取得以下3点认识:①Ⅰ和Ⅱ₁型烃源岩在低成熟阶段的排烃效率低于30%;②生油窗阶段(R_o为0.8%～1.3%)排烃效率为30%～60%;③高成熟阶段(R_o为1.3%～2.0%)排烃效率可以达到60%～80%。Ⅱ₂和Ⅲ型烃源岩,相对于Ⅰ和Ⅱ₁型,其排烃效率在相同阶段要低约10%～20%。以上认识推动了腐泥型烃源岩滞留烃定量演化模型的建立(图3-26)。需注意的是该模型中滞留烃包含了气态烃和液态烃。

表3-5 实验样品主要地球化学参数(李剑等,2018)

井号	深度/m	地区	地层	岩性	TOC/%	S_0/(mg·g^{-1})	S_1/(mg·g^{-1})	S_2/(mg·g^{-1})	(S_1+S_2)/(mg·g^{-1})	T_{max}/℃	I_H/(mg·g^{-1})	R_o/%	有机质类型
鱼24	1587.00	大庆	K_2q	深灰色泥岩	1.40	0.01	0.15	8.82	8.97	443	629.66	0.45	I
金8	1976.99	大庆	K_2q	深灰色泥岩	3.68	0.02	0.57	29.28	29.85	452	796.00	0.60	I
兴2	760.00	大庆	K_2q	深灰色泥岩	5.87	0.02	0.54	47.08	47.62	434	802.10	0.50	I
凤29-19	2450.10	大港	E_2s	灰黑色泥页岩	7.71	0.24	0.95	52.01	52.96	438	674.58	0.47	II$_1$
盐14	1937.78	大港	E_2s	深灰色泥岩	4.72	0.12	0.96	31.58	32.54	424	669.16	0.45	II$_1$
沈6	1963.00	大港	E_2s	浅灰色泥岩	2.27	0.03	0.57	14.14	14.71	423	622.95	0.52	II$_1$

注:TOC—总有机碳含量;S_0—气态烃含量;S_1—游离烃含量;S_2—热解烃含量;T_{max}—最大热解温度;I_H—氢指数;R_o—有机质热成熟度;K_2q—白垩纪青山口组;E_2s—古近纪沙河街组。

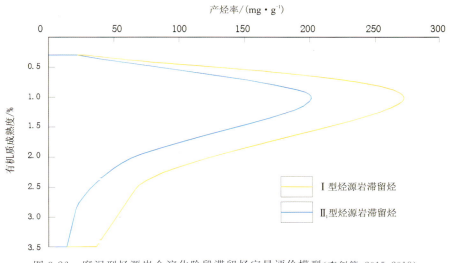

图3-26　腐泥型烃源岩全演化阶段滞留烃定量评价模型(李剑等,2015,2018)

3. 高—过成熟期生气特征

干酪根在生油窗阶段生成的液态烃主要有源内、源外分散状液态烃和源外富集型液态烃3种赋存形式。烃源岩中残余的干酪根及液态烃经漫长地质时期的高温(地温大于150℃)作用,均可裂解生成天然气。因此在高—过成熟阶段,天然气由四部分组成,包括干酪根降解气、源内滞留液态烃裂解气、源外分散液态烃裂解气及富集型原油(古油藏)裂解气。理清不同来源的天然气及其各自的生气量和主生气期,有助于研究不同类型天然气的成藏贡献。

封闭体系黄金管生烃模拟实验,得到干酪根降解气、原油裂解气、滞留烃裂解气及源外原油裂解气的结果(图3-27)。

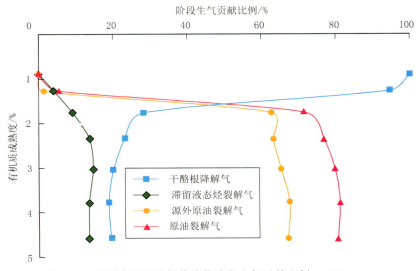

图3-27　不同来源天然气热演化阶段生气贡献比例(李剑等,2018)

1)干酪根降解和原油裂解生气的量和主生气期

李剑等(2018)在研究干酪根降解气和原油裂解气贡献比例时,采用的样品是同一块样品,即使用同一块烃源岩样品的干酪根和其生成的油来做黄金管模拟实验。这种实验思路的优势在于,可以避免前人研究过程中由于样品的不同导致的误差,可以使结果更准确,更令人信服。

实验结果揭示腐泥型烃源岩干酪根与原油裂解各阶段的成气演化趋势(图3-28),干酪根最终的降解气量与原油最终裂解气量,二者之间的比例约为1∶4。实验结果明确了腐泥型干酪根直接生气潜力及主生气期。干酪根大量降解生气对应的R_o值为1.3%~2.5%,产生的气量达到干酪根降解气总量的85%以上(谢增业等,2016),R_o>2.5%以后生气量急剧下降,只占降解气总量的5%。最终干酪根累计降解气量只占烃源岩总生气量的20%。原油进入高成熟阶段后开始大量裂解,主生气期R_o值为1.6%~3.0%,上限为3.5%,最终累计的原油裂解生气量占烃源岩总生气量的80%。

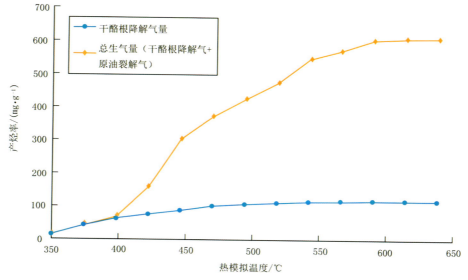

图3-28 腐泥型烃源岩干酪根与原油裂解生气演化趋势(李剑等,2018)

2)滞留烃裂解气

液态烃在多种因素的影响下,在生油高峰期未能及时排出烃源岩而滞留于烃源岩内(Jarvie et al.,2007;李永新等,2010)。滞留烃定量演化模型(图3-26)显示,液态窗阶段的滞留烃数量占比高达40%~60%,这部分滞留烃会在高—过成熟阶段裂解生气。

利用封闭体系黄金管模拟装置进行生气热模拟实验,计算滞留液态烃的生气能力。实验得到滞留液态烃二次裂解生气的模拟结果(图3-29),结果显示,滞留烃生气时机较晚,主生气期位于400℃~550℃,相应的R_o值为1.3%~3.0%。整体来看,滞留烃对烃源岩的生气贡献随演化程度的增加而增加,并且在R_o为3.0%时贡献比例达到峰值,为14.5%。实验结果表明滞留烃裂解气勘探价值不容忽视,尤其对页岩气具有较大勘探价值。

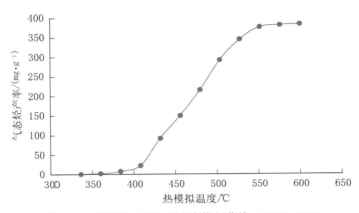

图 3-29 滞留液态烃生气产率模拟曲线(李剑等,2018)

3) 源外分散型与源外聚集型液态烃裂解气

根据前文的介绍,烃源岩完全释放生烃潜力之后,干酪根降解气和源内滞留液态烃裂解气累计分别占了总生气量的 20% 和 13.5%,据此可推测源外分散液态烃裂解气及聚集型原油(古油藏)裂解气占了总生气量的 66.5%。考虑到地质条件和环境等因素会影响分散型和聚集型原油发生裂解,而不同地区的地质条件和沉积环境等因素差异显著,李剑等(2018)未对这些因素进行探讨,而是将滞留液态烃裂解、分散型原油和聚集型原油裂解的 R_o 值上限统一定为 3.5%。分散型与聚集型原油裂解气的比例,考虑到不同地区成藏条件存在差异,也暂未给出,在新建立的模式中以虚线隔开,仅以此表明在高成熟阶段源外原油裂解气有分散型与聚集型两种赋存状态。

4) 天然气各组分裂解时机

原油会裂解生成湿气,含有较多的重烃气体,之后湿气进一步裂解形成更加稳定的中间产物,如氢气、烯烃(李华和张兆斌,2006;张元等,2008),最终全部转化为氢气和碳。这一过程中,有诸多问题尚未有明确定论,其中包括重烃气体何时开始裂解、重烃气体何时完全裂解成甲烷以及甲烷初始裂解的成熟度下限等问题。这些问题的解决对明确天然气初始裂解温度、裂解时机以及业内界定天然气勘探下限具有现实意义。

(1) 重烃气体(C_2H_6、C_3H_8 和 C_4H_{10})的裂解时机。重烃气体裂解实验的结果显示(图 3-30),裂解时机上依次为丁烷、丙烷和乙烷,这是由分子结构稳定性决定的。开始裂解和结束裂解对应的 R_o 值,丁烷为 1.8% 和 2.3%,丙烷为 2.0% 和 2.5%,乙烷为 2.5% 和 3.5%。

(2) 甲烷的裂解时机。实验确定甲烷在常压下大量裂解的初始温度需要 1100℃,裂解上限所需温度为 1450~1430℃(图 3-31)。通过拟合(图 3-32),1100℃ 转换成等效 R_o 值约为 5.0%。这表明在 R_o 值小于 5% 的特高演化阶段,天然气仍具有勘探前景。这一结论目前仍属于初步的认识,实验仅考虑了温度这一单一影响因素,忽视了压力、黏土矿物以及水等对甲烷裂解的影响,需要进一步验证该结论的可靠性。

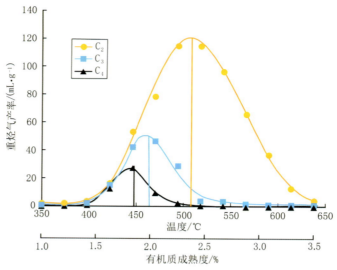

图 3-30　封闭体系下原油裂解气体产物 $C_2 \sim C_4$ 产率随温度变化图（李剑等，2018）

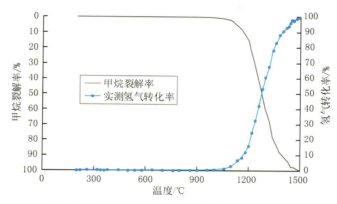

图 3-31　甲烷裂解与氢气生成趋势（李剑等，2018）

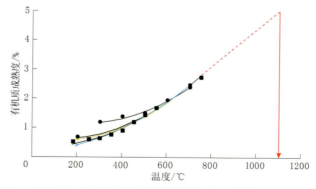

图 3-32　温度与 R_o 拟合关系图（不同符号代表不同样品）（李剑等，2018）

4. 生烃演化模式及地质意义

李剑等(2018)详细刻画了烃源岩生烃的全过程,阐述了全演化阶段不同赋存形式的油气及其含量,建立烃源岩全过程生烃演化模式(图3-33)。腐泥型烃源岩全过程生烃演化过程可精细化为5个主要的演化阶段和9个油气主生成期,具体包括生物化学生气、未熟—低熟、成熟、高成熟和过成熟5个主要阶段,和生物气、未熟油及过渡带气、原油及其伴生气、干酪根降解气、原油裂解气、丁烷、丙烷、乙烷和甲烷9个油气主生成期。生物化学生气阶段是生物气的主生成期;未熟—低熟阶段,天然气类型先后经历了生物气到低熟气过渡类型,成熟阶段为原油及其伴生气的主生成期;高—过成熟阶段为原油热裂解气主生成期;在 R_o 高于5.0%后进入甲烷裂解阶段。

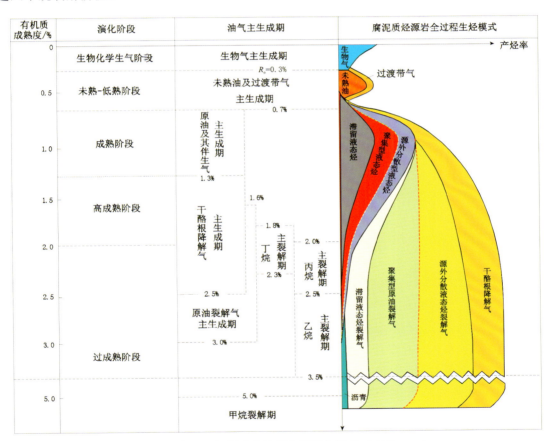

图3-33　腐泥型烃源岩全过程生烃演化模式(李剑等,2018)

需要注意的是,模式图中的实线代表已有实测数据的标定,可以作为对应油气定量的依据,而虚线仅反映对应油气的演化趋势,目前尚不能作为对应油气的定量依据。

全过程生烃模式的内涵主要包括以下7个方面:①明确了不同演化阶段烃源岩的滞留烃量和排烃效率;②明确了干酪根初次降解气、原油裂解气的主生成期;③明确了不同演化阶段滞留液态烃裂解气、干酪根降解气和源外原油裂解气的相对比例;④对高—过成熟阶段烃源岩的生烃演化规律进行了补充和完善,确定了原油裂解的起始和终止温度;⑤确定了天然气重烃的裂解时机,初步探讨了常压条件下甲烷的起始裂解温度与裂解时机;⑥将生烃演化上限上延至R_o等于5.0%;⑦将演化阶段划分进一步精细化为5主段和9亚段。

腐泥型烃源岩全过程生烃演化模式,发展和完善了Tissot经典干酪根生烃及有机质接力生气模式,具体体现在5个方面:①该模式刻画了油气从开始生成到极限保存的演化全过程;②确定了滞留烃、源外液态烃及其裂解气在不同演化阶段的相对比例;③明确了高过成熟海相有机质中原油裂解气量与干酪根生气量及主生气期;④确定了C_{2+}重烃起始和终止裂解的温度;⑤初步确定了天然气保存下限为$R_o \approx 5.0\%$,在深层$R_o \leqslant 5.0\%$的特高演化阶段仍然具有一定的勘探前景。

有机质全过程生烃地质理论指出,原油裂解气(包括聚集型和分散型)应是高—过成熟阶段海相地层的主要寻找对象,分散液态烃(包括源内和源外)裂解气也是深层、超深层天然气的重要来源。该理论丰富了前人生烃模式的内涵,明确了中国海相天然气的勘探方向,扩大了海相油气资源的潜力,对深层和非常规天然气资源预测及勘探目标优选具有重要指导意义。

第三节　有限空间生烃

天然气连续接力生成机理和有机质全过程生烃地质理论,是对Tissot干酪根热降解晚期生烃学说在不同地质条件下的丰富、完善和发展,而对Tissot学说发起质疑和挑战的是烃源岩有限空间生烃理论。两种理论的差异主要体现在理论思维、实验基础和应用方法3个方面。

一、理论思维差异

干酪根热降解晚期生烃学说的理论思维来源于油页岩热解生成页岩油的启示。油页岩热解生成页岩油在17世纪的欧洲就已经出现,并且形成了工业化的生产流程。油页岩工业的发展推动了有机地球化学的进步,人们逐渐认识到油页岩中的有机质可以细分为两类,一类可溶于有机溶剂,为沥青,在较低的温度下就可以生成石油;另一类不溶于一般有机溶剂,称为干酪根,需要加热到500℃左右才开始热裂解生成页岩油。有机地球化学家从油页岩热解生成页岩油的过程中受到启发,用于研究烃源岩埋深过程干酪根是如何生成油气的,并最终形成了干酪根热降解晚期生烃学说。

干酪根热降解晚期生烃学说是围绕着干酪根的研究展开的,主要研究内容包括干酪根自身、干酪根热模拟实验以及烃源岩评价标准和相应的鉴定方法。

1. 干酪根

对干酪根的研究包括了解干酪根的元素组成、干酪根结构特征、物理和化学的鉴定方法、不同类型干酪根(Ⅰ型、Ⅱ型和Ⅲ型)沉积环境和演化特征进行组分分析等基础研究。

2. 干酪根热模拟实验

热模拟实验用到的干酪根选自埋藏较浅、成熟度较低的烃源岩,比较的对象为埋藏较深、自然演化的干酪根,模拟结果显示出干酪根热演化的三阶段性。成岩作用阶段,烃源岩不成熟,只能生成一些二氧化碳和水等;深成热解作用阶段,烃源岩进入成熟阶段,生成原油和湿气;变质作用阶段,烃源岩进入过成熟阶段,仅有干气产生。模式实验的结果与干酪根自然演化过程的特征相吻合,表明实验室条件下获得的模拟数据,可以用来恢复和解释地层深部干酪根的热演化过程。

3. 烃源岩评价标准和相应的鉴定方法

干酪根热模拟实验可实现在实验室中观察和研究干酪根生成石油的全过程,进而可以深入地探讨在不同类型、不同有机质含量、不同埋深和不同地温条件下的模拟数据,提出烃源岩评价标准和相应的鉴定方法,主要包括有机质数量、有机质成熟度和烃源岩样品的热解方法。

(1)有机质数量研究主要涉及烃源岩有机碳的下限值,碳酸盐岩和泥页岩含量分别为 0.3%和 0.5%。

(2)有机质的成熟度反映在镜质体反射率 R_o 值上,0.5%~0.7%为未成熟阶段,小于 1.3%为生油窗口期,大于 2.0%为湿气和凝析油阶段,之后为干气阶段。

(3)烃源岩样品的热解方法是在岩石热解评价仪中进行,在惰性气体介质中,逐渐加热样品到 550℃。整个实验过程涉及到 4 个重要参数,即 S_1、S_2、S_3 和 T_{max}。S_1 的值反映了已经有效转化为烃类的原始生油气潜力部分,S_2 则是尚未生成烃类的剩余潜力,S_3 为二氧化碳含量,T_{max} 代表干酪根热解最大烃类生成量所对应的温度。其中应用 S_1+S_2 的值,可以对烃源岩生油气潜力进行半定量评价。

关德范等(2014)认为,烃源岩生烃理论属于石油地球化学的研究范畴,应当采用石油地球化学的研究思维,从有机化学的角度(即 Tissot 学说)进行研究,结果可能有失偏颇。烃源岩发育在盆地的生油凹陷中,沉积环境一般为封闭还原的。沉积岩在这种封闭还原的环境中,其成岩演化过程涉及三方面:烃源岩沉积成岩的地质演化过程、有机质热演化过程以及烃源岩内部三相流体(油、气和水)在高温高压条件下的物理化学演化过程,三方面内容相互影响也相互制约。采用石油地球化学的思维方法研究烃源岩的生烃理论,更符合实际情况。

石油地质理论研究往往将成盆、成烃和成藏作为独立的部分分开进行研究,其中成盆研究的主要任务在于使用大地构造的思路描述盆地的类型和成因机制;成烃研究则全部照搬 Tissot 学说的理论和方法;成藏研究主要分析油气藏成藏要素以及使用含油气系统的方法进行研究。关德范等(2014)认为,这种研究思维和方法存在较大弊端,割裂了完整的石油地质理论体系,阻碍了石油地质理论的全面发展。

通过分析国内外近百个含油气盆地(或坳陷、凹陷),观察其石油地质演化史,结果显示这些盆地在成因类型、面积大小和形态特征等方面均有差异,但发育过程有明显共性,即这些含油气盆地都经历了持续沉降、整体上升和全面萎缩 3 个明显不同的阶段(关德范等,2014)。

盆地持续沉降发展阶段,可能也伴随有短暂的抬升,甚至是出现较短时间的剥蚀,但盆地总体上处于持续沉降的状态,具有以下3个特点。

(1)盆地沉积速率快。数据显示,绝大多数的含油气盆地其沉积速率可达200m/Ma,而作为盆地的主要烃源岩,其沉积速率更快。例如我国东部的泌阳凹陷和美国的洛杉矶盆地,作为主要烃源岩的沉积速率可分别高达394m/Ma和430m/Ma。

(2)烃源岩残留有机质丰度较高。统计结果显示,盆地主要烃源岩残余有机碳含量较高,均不低于1%,油气丰富的盆地残余有机碳含量则更高,多大于2%。例如松辽盆地青山口组一段和东营凹陷沙河街组,其各自烃源岩残余有机碳含量均超过2%,分别达到2.21%和2.24%;而在利比亚锡尔特盆地,锡尔特页岩残余有机碳含量更是超过了5%。

(3)沉降阶段末期,实现成烃过程。盆地持续地沉降和快速率地沉积,接受近千米厚度的沉积物,在沉降阶段末期,地温梯度值均满足盆地内主要烃源岩的生烃门限,进而实现有机质的成烃过程。

含油气盆地经历持续沉降发展阶段后,均会进入到整体上升并遭受剥蚀的阶段。盆地不同构造的位置,由于上升的速率不同,遭受剥蚀的量相差很大。整个上升剥蚀阶段一般会持续几百万年到十几个百万年,伴随这一上升剥蚀过程,油气实现了排烃、运移以及聚集成藏。盆地整体上升发展阶段是盆地油气成藏的重要时期。

在经历了持续沉降和整体上升的发育阶段之后,含油气盆地开始进入全面萎缩发展阶段,并且可能会一直延续到第四纪。在盆地萎缩阶段,沉降和上升的幅度相对之前均比较小,接受沉积和剥蚀的量也相对较小。沉降的过程中,盆地主要烃源岩全部进入成熟高峰的门限,再次发生生烃。在上升剥蚀过程中,油气再一次完成成藏过程。盆地全面萎缩发展阶段是油气成藏最终定型时期。

随着盆地的形成、发展直至萎缩,其中的沉积物也经历了一系列的物理和化学作用,其结果便是油气的生成、运移和成藏等过程。因此可以把盆地发展的全过程作为研究石油地质理论的主线,可以理解为盆地中沉积物的物质积累、能量积累、能量转化和能量平衡的过程。从这种角度来看,盆地持续沉降发展阶段是加载增压实现成烃的过程,盆地整体上升发展阶段是卸载减压实现成藏的过程,盆地全面萎缩发展阶段是继续成烃,完善成藏的过程。这就是成盆成烃成藏思维的内涵。

关德范等(2014)认为,研究烃源岩的生烃过程,须运用石油地球化学的思维方法(图3-34)来研究和观察盆地持续沉降发展阶段的石油地质演化史。

石油地质演化史主要研究内容包括三方面:①烃源岩沉积成岩的过程研究,重点关注烃源岩孔隙度的变化;②烃源岩内部油、气和水三相流体的物理化学性质演化研究,特别是含油饱和度的变化特征;③有机质热演化过程研究,最重要的是要运用石油地球化学的思维来进行研究。除此之外,还需重点关注烃源岩生烃反应的空间问题。

烃源岩通常发育在盆地封闭还原环境的坳陷(或凹陷)中,从宏观上看,烃源岩的沉积特征、矿物成分、有机质含量等,均受到坳陷(或凹陷)这个范围较大但依然是有限空间的控制。从微观角度上看,提供烃源岩有机质热演化反应以及容纳油、气和水三相流体的,只能是烃源岩内部发育的孔隙。在盆地持续沉降阶段,烃源岩经上覆岩层压实作用而成岩,其内部的孔隙度降低,但有机质因温度升高而逐渐进入生烃门限。烃源岩的R_o值为0.5%时,其内部孔

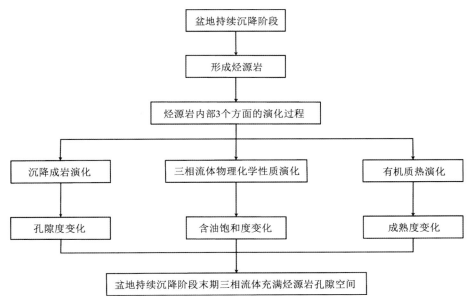

图 3-34 烃源岩有限空间生烃理论思维流程图(关德范等，2014)

隙度降至10%~20%，这意味着烃源岩进一步成熟并完成大量生烃的过程，基本都是在这10%~20%的有限孔隙度空间内完成的。宏观和微观的角度均显示出，烃源岩的演化全过程都是在一个有限的空间内完成的，这便是烃源岩有限空间生烃理论的内涵。

二、实验基础差异

干酪根热降解晚期生烃学说的理论思维来源于油页岩热解生成页岩油的启示，其热模拟实验装置也基本是仿效油页岩的干馏炉装置，称为Rock-Eval岩石热解仪。

比较油页岩和烃源岩热解过程，可以发现二者思维模式和实验过程的相似性。

(1)热解条件上的相似：油页岩在隔绝空气下加热至500~550℃，后者是在惰性气体介质下逐渐加热至550℃；

(2)热解阶段变化特征及产物的相似：油页岩在0~120℃产生二氧化碳和水，200~350℃产生沥青、少量页岩油、水和气体，350~500℃生成大量页岩油和焦炭等，热解终温为500~550℃；烃源岩在0~200℃产生二氧化碳和水，200~350℃产生游离烃(S_1)，350~500℃生成原油和湿气(S_2)以及二氧化碳等含氧挥发物(S_3)，500~550℃仅有干气产生。

关德范等(2014)评述油页岩热解生成页岩油与干酪根热解生烃过程，指出干酪根热降解晚期生烃学说的理论思维不仅来源于油页岩热解生成页岩油的工艺过程，其实验内容也照搬了油页岩实验的温度条件和最大页岩油产率概念。这就是Tissot学说在设计模拟实验时，把干酪根放在无压、无水及无空间限制的热解仪中进行，并且仅强调温度对干酪根热解生烃的关键作用的用意。在自然地质条件下干酪根的热降解过程，会受到众多因素的控制，包括温度、压力、孔隙空间、地层水、矿物介质等。按照这种思路，中国石化石油勘探开发研究院无锡石油地质研究所自行研制了一套DK-Ⅱ型地层孔隙热压生排烃模拟实验仪，在该实验仪中的生排烃模式实验情况如下。

(1)模拟实验仪。模拟实验仪主要包括了五大系统,包括高温高压生烃反应系统、双向液压控制系统、排烃系统、自动控制与数据采集系统和产物分离收集系统,此外还有一些外围的辅助设备与仪器外壳等。具体模拟参数上,实验仪的模拟温度可由室温升至600℃;上覆静岩压力最大值可达200MPa,相当于可以模拟埋深近8000m的上覆地层压力;生烃室模拟的地层流体压力可以达到100MPa,最高可达150MPa以上,相当于可以模拟深部10 000m以上的地层流体压力;排烃室地层流体压力可升至120MPa;样品室的最大装样量约200g。

(2)实验样品。样品来自泌阳凹陷王24井、东濮凹陷濮1-154井和胡88井。其中濮1-154井沙河街组一段烃源岩有机质丰度较低,有机质类型为II_2;王24井核桃园组三段烃源岩有机质丰度高,有机质类型为$I-II_1$。

(3)实验目的。利用濮1-154井和王24井烃源岩样品进行盆地持续沉降阶段烃源岩有限空间生烃模拟,观察烃源岩有限空间生油特征;利用胡88井的烃源岩样品研究盆地整体上升过程中压差对排烃效率的影响。

(4)实验结果。濮1-154井沙河街组一段和王24井核桃园组三段在持续沉降阶段,烃源岩有限空间生油特征、烃源岩不同成熟度阶段生油特征及有限空间生烃增压曲线如图3-35~图3-37所示。

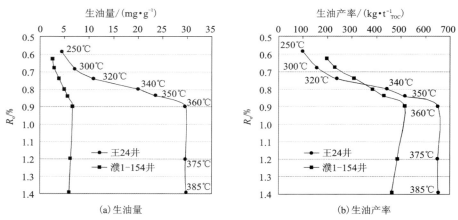

图 3-35　盆地持续沉降阶段烃源岩有限空间生油特征(关德范等,2012)

濮1-154井和王24井烃源岩的有限生烃模拟结果显示(图3-35),在盆地持续沉降阶段,烃源岩有限空间生烃具有如下特征。

(1)有机质丰度和有机质类型不同的烃源岩,有限空间生烃均呈现出三段式,分别以R_o 0.70%和0.90%为界。

(2)R_o小于0.70%时,烃源岩生油产率和烃气产率均较低,生烃增压作用在该阶段不明显。

(3)R_o介于0.70%~0.90%时,烃源岩快速生油,并在$R_o \approx 0.90\%$时达到生油最高峰,烃气产率在该阶段仍很低,但生烃增压作用显著。

(4)当烃源岩R_o大于0.90%时,对于有机质丰度高、有机质类型好的烃源岩(以王24井核桃园组三段烃源岩为代表),其生油产率几乎保持不变;$R_o=0.90\%$时,烃气产率明显增大,但生油产率仍较低,小于50.0kg/t_{TOC},生烃增压作用进一步增强,生烃系统压力系数可达2.0以上。而有机质丰度较低、有机质类型为II_2的烃源岩(以濮1-154井沙河街组一段烃源岩为代表),生油产率在该阶段随成熟度增高而逐渐降低,而烃气产率明显增大,大于50.0kg/t_{TOC},生烃增压强度稍有增加,但生烃系统压力系数小于1.5。

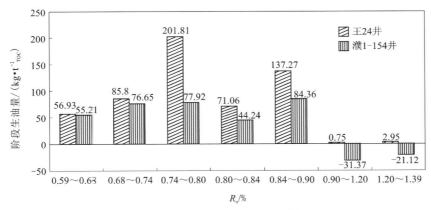

图3-36 烃源岩在不同热成熟度阶段的生油特征(关德范等,2012)

模拟实验结果揭示,持续沉降阶段,烃源岩有限空间生烃过程有别于传统认识上的生油演化过程,最突出的特征有以下几点。

(1)生油具有"突变性"。烃源岩R_o从0.70%增加到0.90%,仅0.2个百分点的增幅,生油量与生油产率却迅速从低值升至峰值。这意味着在盆地持续沉降过程中,烃源岩进入生油门限之后,只需要经过几百米的埋深范围便可完成主要的生油过程。

(2)持续沉降阶段烃源岩在经历快速生油阶段之后,会极大地抑制干酪根向烃的转化,同时在生烃系统存在异常压力的情况下,也有利于液态烃在深部的保存,是一个能量平衡转化过程。烃源岩R_o从0.9%上升至1.39%(模拟温度从360℃上升至385℃),生油状态基本保持不变。这一结果预示着烃源岩的生油阶段可以延续较长的一段时间,利于液态烃在深部的保存,不同于传统的认只,即过了生油高峰后液态烃会快速转化为气态烃。实际的探勘结果也证实了这一点。我国东部的一些含油气盆地,其特点是石油资源丰富而缺乏天然气,主要原因就在于盆地主要烃源岩仍处于R_o在0.90%~1.39%之间的演化阶段。

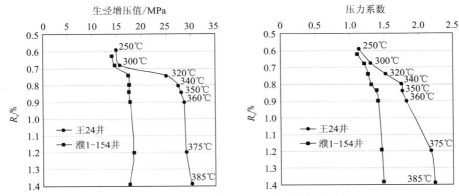

图3-37 盆地持续沉降阶段烃源岩有限空间生烃增压特征(关德范等,2012)

三、应用方法差异

Tissot 干酪根热降解晚期生烃学说所指的某烃源岩层系的生烃量,是该烃源岩层系的生油(气)潜量,是干酪根连续加热最终能生成油和气的总量。这种思路转化为数学模型,可用于含油气盆地的油气远景评价(即现今的盆地模拟技术),常用公式为:

$$Q = S \times h \times \rho \times C_r \times R_c \times H_r \times 10^{-8}$$

式中:Q 为总生烃量(t);S 为有效烃源岩分布面积(km^2);h 为有效烃源岩的平均厚度(m);ρ 为烃源岩密度(t/km^3);C_r 为烃源岩的残余有机碳含量(%);R_c 为有机碳恢复系数;H_r 为某演化阶段的产烃率(kg/t)。如果 H_r 为液态烃产率时,Q 为液态烃(石油)生成量;当 H_r 为气态烃产率时,Q 为气态烃(天然气)生成量(赵文智,1999)。

上述公式可以拆分为几个部分,$S \times h \times \rho$ 表示烃源岩的总重量(t),$C_r \times R_c$ 为烃源岩中总有机碳的含量(%),那么这个公式所计算的是烃源岩在某一演化阶段,烃源岩层总体积所含的总有机碳(即原始有机质)全部热降解所能生成的油或气的总量,即所谓的生油(气)潜量,而不是烃源岩真实的生烃量。

关德范等(2014)认为这种生油(气)潜量的概念没有任何石油地质意义。在油气资源评价及油气勘探中,人们想了解的是某烃源岩层在某一演化阶段实际生成的石油量、从烃源岩层中排出量以及在烃源岩层内部的残留量。此外"排油系数"的概念具有人为性,失去了理论的科学性。

关德范等(2014)认为烃源岩生油是在有限空间中进行的,这个生油所具有的最大"可容纳空间"就是烃源岩进入生油成熟阶段的最大孔隙空间(关德范等,2004,2005)。这意味着烃源岩孔隙的总体积约束了烃源岩的生油总量。研究表明,在成烃温压条件下油与水可以以共轭溶液的形式存在,也就是说,烃源岩生成的石油是以"油溶液"的形式存在于烃源岩的孔隙中。确定烃源岩孔隙体积及其含油度,便可以定量计算烃源岩的生油量。当石油从烃源岩孔隙中排出后,留出的空间会被上覆岩层经压实作用而消失,因此计算盆地整体上升前后烃源岩孔隙体积的削减量,便可得到烃源岩的排油量。根据有限空间成烃的思维,烃源岩生油量的定量计算公式可描述为

$$Q_生 = \int H \times S \times \varphi_生 \times S_o \times \rho$$

式中:$Q_生$ 为生油总量(t);H 为有效烃源岩层厚度(m);S 为有效烃源岩层面积(km^2);$\varphi_生$ 为有效烃源岩排油前的孔隙度(%);S_o 为有效烃源岩排油前的孔隙空间的含油饱和度(%);ρ 为原油密度(g/cm^3)。

上述公式中,参数 S_o 的选取还存在一定的困难。原因有二,其一为现阶段的实验模拟数据尚不可靠,其二为以往的勘探实践鲜有此类参数的数据。现有的解决方案为直接选取钻井获得的含油饱和度数据,取若干口井或若干层数据的平均值来减小含油饱和度不均质性的影响。

四、存在问题

烃源岩有限空间生烃理论已经取得了一些成果,还需要在以下 3 个方面进行深入和完善。

(1)深入剖析烃源岩沉积成岩演化史。有机质是烃源岩的组成部分,而不是全部,烃源岩本身更为重要,研究的重点应该回归到烃源岩自身上来。也就是要重点研究烃源岩的沉积成岩演化史。

(2)生烃凹陷内烃源岩孔隙度变化研究。这部分是烃源岩有限空间生烃理论的重要基础。生烃凹陷内的钻井数量是随着页岩油气勘探的发展而开始增多,为深入研究生烃凹陷内烃源岩的发育特征提供了大量资料,也为深入研究有限空间生烃理论提供了有利条件。围绕着烃源岩孔隙度变化,还需要深入研究不同生烃凹陷内烃源岩孔隙度变化特征及其影响因素,剖析烃源岩沉积成岩演化及有机质热演化过程与孔隙度变化的关系。

(3)烃源岩内油、气、水三相流体的赋存状态。这部分内容是回答在有限空间内能够生成多少油和气的问题,同样是有限空间生烃理论的重要基础。要模拟烃源岩内油、气、水三相流体的赋存状态,还需研制新的模拟实验装置,并且运用新的实验装置,剖析烃源岩沉积成岩过程、孔隙度变化过程以及有机质热演化过程等。

第四章

海相碳酸盐岩生烃理论及研究进展

在中国陆相油气勘探研究获得突破之前,勘探界普遍认为海相油气是常规油气最主要的来源,几乎所有油气地质理论也都以此为出发点,有效指导了世界范围内的油气勘探开发。传统的海相烃源岩是以泥质为主,但仅凭泥质烃源岩很难解释海相油气勘探过程中出现的诸多新问题。人们开始对传统的泥质烃源岩提出质疑,是否在古老的海相中存在着不被人类认识或低估的油气源岩?碳酸盐岩烃源岩因此受到了广泛关注(刘文汇等,2019)。

第一节 基本特征

一、沉积环境

海相碳酸盐岩烃源岩有机质受沉积环境影响显著,深入研究碳酸盐岩的沉积环境,仔细划分沉积相,寻找有利于有机质富集和保存的相带,是研究碳酸盐岩烃源岩的重要方面之一。

1. 沉积相模式

碳酸盐岩主要形成于热带及亚热带的近海大陆架,广泛分布于多种沉积环境中。常见的碳酸盐岩沉积环境模式从浅水陆架到深水盆地,碳酸盐岩烃源层发育的沉积环境有近滨、局限台地等,图4-1综合了其每个沉积系统的主要特征。

世界范围内碳酸盐岩大油气田中烃源岩沉积环境分布图(图4-2)显示,内陆盆地环境是最为重要的,其次是大陆架环境。这里的大陆架环境包括陆棚环境、深海大陆架和大陆架至盆地过渡带环境。中高盐变水体环境指的是与蒸发沉积相联系的烃源岩,一般来说,它可以代表局限性环境到蒸发沉积。在这些沉积环境中,最常见的是Ⅱ型干酪根,Ⅰ型干酪根可能仅在湖相烃源岩中发育,明显缺失Ⅲ型干酪根。Jones(1984)认为生气的有机相(Ⅲ型干酪根)在碳酸盐岩中是极少的,这是因为碳酸盐岩沉积中一般缺少陆源有机物。

2. 发育主控因素

海相烃源岩发育的主控因素是沉积环境,尤其是碳酸盐岩,其主要形成于热带及亚热带的近海大陆架,广泛分布在各种强还原—弱还原沉积环境中。除此之外,原始有机物质的丰富程度、沉积速率和保存条件等也是重要的影响因素。

(1)原始有机物质的丰富程度。丰富的原始有机物质有利于增加烃源岩的有机质含量,而且由于过剩有机质的还原作用可以造成水体底部形成缺氧环境,有利于有机质的保存,促使最终聚集的有机成分成为潜在烃源岩中的有机质。

(2)沉积速率的控制作用。沉积速率太慢的情况下,难以造成水体底部缺氧,有机质会逐渐被消耗,使沉积岩中的有机质含量降低。如果沉积速率太快,则会由于稀释作用降低沉积岩中的有机质含量。因此,只有适宜的沉积速率才能形成某种沉积环境下的富含有机质的烃源岩。

环境	正常沉积物	伴生沉积物	储集岩几何形态	含油气性		
				烃源岩	储集岩	封闭岩
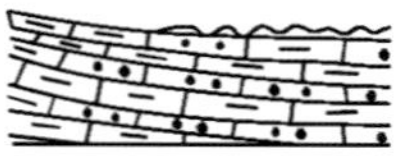 近滨	砂 骨屑球粒鲕粒 泥 潮坪薄层	陆屑 蒸发岩	条带状 层状	较好	好	好
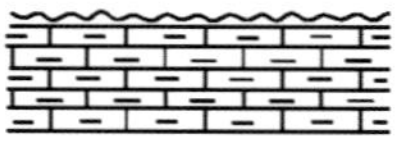 局限台地	泥 小颗粒砂 球粒 骨屑	陆屑 蒸发岩	叠加 透镜状	较好	较好	好
 开阔台地	砂 骨屑球粒鲕粒 泥 小台地礁	陆屑	层状 条带状 小丘状	差	好	较好
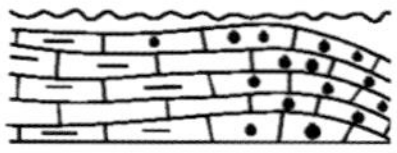 台地边缘	砂 鲕粒 骨屑 生物礁	陆屑 灰岩	条带状	差	好	差
 前缘斜坡	砂 泥 泥丘 碎屑流 塔礁	细粒陆屑 蒸发岩	区域性的 小丘状 层状	好	好	好
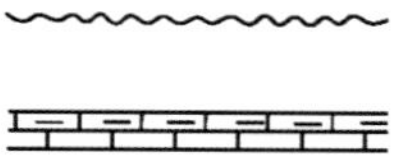 盆地	泥	细粒陆屑 白垩岩 粉砂	层状	好	较好	好
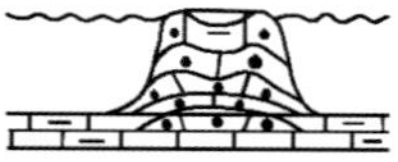 淹浸台地	大型环礁 生物礁 礁碎屑 砂 泥 页状的		大的 厚层球	好	好	好

图 4-1 碳酸盐岩主要沉积体系特征(秦建中等,2005)

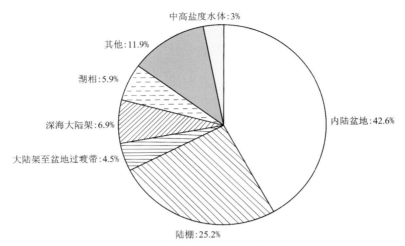

图 4-2　烃源岩一般沉积环境（秦建中等，2005）

（3）保存条件。保存条件主要取决于水体底部的含氧量，而水体的含氧量取决于多种因素的共同作用，如水体深度、沉积速率、沉积物原始有机质丰度、底层水的扰动程度及水体的局限程度等。

二、有机相划分

秦建中等（2005）综合海相烃源层成烃先驱生物、有机质本身类型和沉积环境特征，将海相烃源层划分为四类有机相（表4-1）：浮游藻有机相（Ⅰ型干酪根）；深水宏观藻有机相（Ⅱ$_1$型干酪根）；浅水混源有机相（Ⅱ$_2$型干酪根）和滨岸木本有机相（Ⅲ型干酪根）。

（1）浮游藻有机相（Ⅰ型干酪根）：沉积环境为深海至半深海、强还原深水盆地沉积，以浮游藻类（例如沟鞭藻或甲藻或颗石藻等）为主，岩性主要为钙质页岩、钙质泥岩及泥灰岩，有机质丰度往往很高，TOC一般大于1%。干酪根类型为Ⅰ型，生烃能力极强，成熟阶段生油。

（2）深水宏观藻有机相（Ⅱ$_1$型干酪根）：沉积环境为开阔台地相内相对深水（潮下带及其附近水域）的凹陷或盆地、低能海、滩间海或滨海潟湖，还原—强还原环境，以宏观藻类（红藻、褐藻）为主，常伴有浮游藻类的加入，以及少量陆源高等植物的输入，岩性主要为泥灰岩、泥晶灰岩、钙质泥页岩等，有机质丰度一般很高，TOC一般大于1%。干酪根类型多为Ⅱ$_1$型，生烃能力强，在成熟阶段生油。

（3）浅水混源有机相（Ⅱ$_2$型干酪根）：局限或浅水（潮间带附近水域）台地或滨岸—潮坪或三角洲，弱氧化-还原环境下沉积形成的烃源层，海相水生生物和陆源高等植物均发育，岩性主要为灰岩、泥灰岩和泥岩（三角洲相）等，有机质丰度一般较高，尤其是三角洲前缘—前三角洲亚相沉积形成的烃源层，TOC一般大于1%。干酪根类型为Ⅱ型或偏向Ⅱ$_2$型，生烃能力较强，在成熟阶段生轻质油和凝析油气。

（4）滨岸木本有机相（Ⅲ型干酪根）：沉积环境为海陆过渡沼泽或三角洲，弱氧化-还原环境，以陆源高等植物为主，岩性主要为暗色泥岩、碳质泥岩夹煤层以及灰岩、泥灰岩等，有机质丰度差异显著，可以很高（煤系），也可以很低（差—非烃源岩）。干酪根类型为Ⅲ型干酪根，具有生气和生轻质油或凝析油的潜力。

表 4-1　海相烃源层有机相的划分标志(秦建中等,2005)

划相标志		浮游藻有机相	深水宏观藻有机相	浅水混源有机相	滨岸木本有机相
干酪根类型		Ⅰ	Ⅱ$_1$	Ⅱ(或偏向Ⅱ$_2$)	Ⅲ
主要岩性		钙质页岩、钙质泥岩和泥灰岩	泥灰岩、钙质页岩,钙质泥岩和泥晶灰岩	灰岩、泥灰岩和泥岩	泥岩、碳质泥岩、煤和泥灰岩
主要沉积相		深海—半深海深水盆地相	台凹、低能海、滩间海、潟湖等台地微相或亚相;浅海大陆架、海底扇等盆地亚相;斜坡相	蒸发—局限台地亚相;滨岸—潮坪亚相;三角洲前缘—前三角洲亚相	海陆过渡沼泽相;三角洲平原亚相;陆相
氧化-还原环境		强还原	还原—强还原	弱氧化—还原	弱氧化—还原
生物相	成烃有机质	浮游藻类(甲藻或颗石藻等)及浮游水生生物为主	宏观藻(红藻、褐藻等)为主,常有浮游藻类,也有少量陆源高等植物的输入	海相水生生物(以宏观藻类——红藻、褐藻为主)和陆源高等植物均发育	陆源高等植物为主
	生物化石	树枝状苔藓虫、放射虫、海百合、硅质骨针、薄壳腕足、深水浮游有孔虫、光壳节石等	海胆、海绵、有绞腕足等	双壳、底栖有孔虫、包壳状苔藓虫、无绞腕足、钙质海绵、造礁珊瑚等	陆源高等植物
有机岩石学		藻类体、藻屑及腐泥矿物沥青基质或浮泥无定形	以宏观藻无定形和浮游水生生物的腐泥组、动物有机碎屑组及海相镜质组为主,陆源组分和次生组分也发育	陆源镜质组、陆源壳质组和惰质组,宏观藻和水生生物的腐泥组、动物有机碎屑组及海相镜质组也发育	陆源高等植物的镜质组、壳质组和惰质组为主
干酪根显微组分		腐泥组为主(>80%)	腐泥组为主,含镜质组及惰质组	腐泥组、镜质组、壳质组及惰质组均发育	镜质组、壳质组及惰质组为主
类型指数		>80	40~80	0~40	<0
干酪根 δ^{13}C/‰		<−28	−28~−26	−26~−24	>−24

续表 4-1

	划相标志	浮游藻有机相	深水宏观藻有机相	浅水混源有机相	滨岸木本有机相
有条件辅助指标	岩石热解 I_H/(mg·g^{-1})	>650	400~650	150~400	<150
	干酪根 H/C 原子比	>1.5	1.5~1.25	<1.0~1.25	<1.0
	干酪根 1460cm^{-1}/1600cm^{-1}	>4.5	3~4.5	1.5~3	<1.5
	干酪根 2920cm^{-1}/1600cm^{-1}	>2.5	1.5~2.5	1.0~1.5	<1.0
	沥青"A"/饱和芳烃	>3.0	1.0~3.0	0.8~2.0	<0.8
	饱和烃色谱 Pr/Ph	<1	<1	1±	>1
	甾烷 aaa-C_{27}/%	>35	30~35	25~30	<25
	有机质丰度	高	高—中等	中等—低	一般很低，煤系很高

注：生物化石等以羌塘盆地中生界烃源岩为例。

三、与陆相碎屑岩的差异

海相碳酸盐岩与陆相碎屑岩在沉积环境、有机物来源、有机物类型、成岩作用、烃类的形成和运移等诸多方面存在显著差异。亨特（1967）把海相碳酸盐岩与陆相碎屑岩的区别简要地归纳在表 4-2 中。

表 4-2　海相碳酸盐岩与陆相碎屑岩的主要区别（亨特，1967）

类别	海相碳酸盐岩（灰岩和白云岩）	陆相碎屑岩（黏土页岩）
沉积环境	浅水，在开阔的大陆架为氧化环境，在蒸发盆地为还原环境	深水，常常为还原环境
沉积速度	慢	快
有机物来源	海相为主	陆源为主
有机物类型	蛋白质、少量腐殖质	腐殖质和木质素
压实作用和岩化作用	早期脱水，石化快且重结晶	慢，连续脱水

续表 4-2

类别	海相碳酸盐岩(灰岩和白云岩)	陆相碎屑岩(黏土页岩)
细菌在沉积物中生存深度	浅(1.5m)	深(46m)
早期成岩中的氧化-还原电位	强还原(产生大量 H_2S)	弱还原
有机质中烃的形成作用	热力	催化作用和热力
烃形成的可能时间	晚	早且连续不断
烃类运移的可能时间	晚,石化和岩石破碎且溶液在裂缝中的渗透性发展之后	早,在较多的液体移动时
烃类运移的可能机理	在溶液中或以油珠沿裂缝和溶解通道移动	在溶液中随逐出流体移动
储油岩孔隙与油源岩的接近程度	很近,孔隙常发育在油源岩中或其附近	变化无常的;很多厚油层没有多孔岩石夹层
储油层封闭效应	良好,有不渗透的硬石膏盖层	平常,相当数量的石油通过砂、粉砂和大陆沉积损失了

四、与湖相碳酸盐岩的差异

海相碳酸盐岩烃源岩与湖相碳酸盐岩烃源岩,作为不同沉积环境下形成的相同岩性的两类烃源岩,对比它们之间的生烃条件,对深入二者的研究有重要意义。

1. 沉积相

海相碳酸盐岩通常发育在缺氧或贫氧、且沉积速率很低的低能环境中,包括开阔海台地相、局限海台地相、生物泥丘相、广海陆棚相、浅海斜坡相等(黄籍中和吕宗刚,2011;倪春华等,2011)。其中,有学者认为陆架内盆地最为重要,最有利于海相碳酸盐岩烃源岩的发育,其次为陆架环境(李大成,2005);也有学者认为欠补偿浅水—深水盆地、台缘斜坡、半闭塞—闭塞欠补偿海湾和蒸发潟湖等环境,可为发育高有机质丰度的海相碳酸盐岩烃源岩提供最佳条件(陈践发等 2006)。生物礁也对寻找海相碳酸盐岩烃源岩具有指示意义(英亚歌,2010)。

湖相碳酸盐岩,受限于湖泊的范围,其烃源岩的发育更明显地受古气候、古水动力条件和古水介质性质等因素的控制(孙钰等,2008)。通常认为,湖相碳酸盐岩烃源岩主要发育在半深湖—深湖相,位于浪基面之下,水体较深,水动力弱,氧气和光线不充足,生物扰动作用小(夏青松等,2003)。白云岩的形成应具备盐度高、水体安静、强还原的沉积环境,湖相碳酸盐岩烃源岩的发育也有赖于封闭、深洼及半封闭湾的静水环境。

2. 水介质条件

海相碳酸盐岩烃源岩的形成主要发生在还原、咸水、弱碱性和弱水动力条件下(倪春华等,2009)。高有机质丰度的海相碳酸盐岩烃源岩,其形成受到多种地质因素的控制,其中最重要的两个条件为高生产力和还原性保存条件(刘光鼎等,2011)。

原生的湖相碳酸盐岩,大多为化学沉积的产物,根据沉积时的水介质条件,可分为硬水湖和卤水湖的沉积产物。盐湖中的碳酸盐岩主要见于常年咸水湖、季节性盐湖、盐湖边缘的风化壳和含盐泥坪中(孙钰等,2008)。湖相白云岩常见于古水介质偏碱性,pH值大于9的沉积水体(黄杏珍等,2001)。

3. 岩石类型

海相碳酸盐岩烃源岩的岩石类型主要包括暗色石灰岩及白云岩类,以及它们与黏土矿物形成的各种过渡类型岩石,其碳酸盐含量一般大于20%,常见的岩石有灰岩、白云岩、泥质灰岩、泥质白云岩和钙质页岩等(杨威等,2004;秦建中等,2005)。

湖泊范围远比海洋小,沉积特征表现为多物源、近物源、粗碎屑和相变快(秦建中等,2005)。因此湖相碳酸盐岩的岩性相对更为复杂和多变,它由湖相泥岩与湖相碳酸盐岩组成互层,甚至是纹层状沉积,水平层理发育,非均质性明显(林会喜等,2013)。

无论是海相还是湖相,碳酸盐岩烃源岩几乎都是不纯的,都含有一定量的泥质成分。

4. 成烃母质及有机质类型

海相烃源岩的生烃母质一般以菌藻类为主,海相碳酸盐岩的有机质多偏于腐泥型,干酪根类型为 I-II$_1$ 型,多以 I$_1$ 型干酪根为主。湖相碳酸盐岩的干酪根类型一般也为 I 型或 II 型。

5. 有机质的赋存形式

海相碳酸盐岩烃源岩中的有机质以聚集和分散的赋存形式存在,其中,分散有机质可进一步细分为3类,即吸附有机质、晶包有机质和包体有机质(王杰和陈践发,2004)。湖相碳酸盐岩烃源岩中有机质,其赋存形式与海相碳酸盐岩差别不大,主要区别在于前者可能存在更多的无形态有机质(无定形类),它的形成往往与生物降解作用有关。

6. 有机质丰度

烃源岩的有机质丰度受到诸多因素的控制,主要包括沉积环境、生物来源、有机质热演化以及成岩作用等。我国的海相碳酸盐岩,其烃源岩有机碳含量普遍较低,一般在 0.1%～1.0%之间(李大成,2005)。不同沉积环境下,其有机质含量具有明显的差异(李贤庆等,2002;黄继文等,2012)。由于湖泊沉积环境的分割性和多样性,相对于海相碳酸盐岩,湖相碳酸盐岩烃源岩中有机质含量变化很大,其有机质丰度的高低会受到更多、更复杂因素的影响。

7. 热演化作用

我国海相碳酸盐岩地层以古生界特别是以下古生界为主,地层时代老,经历长期且复杂的热力作用,海相碳酸盐岩中的有机质大多进入高—过成熟阶段(成海燕,2007;刘全有等,2012)。湖相碳酸盐岩烃源岩在有机质的热演化程度上存在迟缓效应,这种效应可能由矿物成分催化能力的差异所导致。

第二节 研究新方法和新进展

一、全球碳酸盐岩烃源岩

人们认识到碳酸盐岩具有一定的生烃能力要追溯到 20 世纪 40 年代(Trask,1933),晚于泥质烃源岩。之后碳酸盐岩层系逐渐被人们重视,相关研究成果也陆续出现,有效指导了油气勘探,并成功发现了一批大中型油气田。例如在阿拉伯盆地、扎格罗斯盆地、南墨西哥湾盆地、威利斯顿盆地、提曼-伯朝拉盆地和坎宁盆地等,发现了数十个大型海相碳酸盐岩油气田。国外对这些海相碳酸盐岩油气田的研究,基本以高 TOC 值作为烃源岩的最主要依据。

对全球含油气盆地不同类型烃源岩的统计显示,以泥(页)岩为主的烃源岩占全部烃源岩的 42%,碳酸盐岩则占了 58%(顾忆,2000;顾忆等,2007),后者提供了世界大油田近一半的油气资源(USGS 2016 年报告)。研究发现,优质碳酸盐岩烃源岩在低—中演化阶段 TOC 值很高,可达 8%~12%;而进入到高演化阶段,TOC 值迅速下降至 1%~4%,降幅比例在有机质类型好的烃源岩中,最多可降低 80%,而有机质类型差的烃源岩,其 TOC 值最多可降低 20%(Breyer,2012;Jarvie,2014;图 4-3)。这一发现对我国处在高演化、低 TOC 值碳酸盐岩的评价有重要意义。

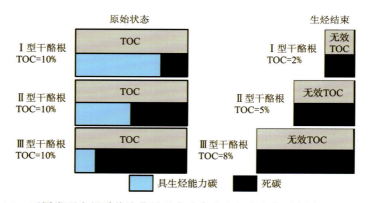

图 4-3 不同类型有机质热演化过程中残余总有机碳变化示意图(Breyer,2012)

二、认识上的困惑

我国海相油气勘探的时间较短,已发现大型及以上规模油气田 13 个,但资源探明率仅 10% 左右,远低于中国陆相(30%~40%)和全球海相油气探明率(69%)。特别是下古生界的海相碳酸盐岩层系,其天然气探明率仅为 7%(康玉柱,2010;金之钧,2011;赵文智等,2014)。目前国内海相油气勘探面临明显的源、藏不匹配问题,以中国三大海相油气盆地为例:塔里木盆地海相油气规模成藏,但是烃源岩不明确(马安来等,2004;段毅等,2009;王铁冠等,2010);鄂尔多斯盆地油气丰富,但古生界海相烃源岩仍不明确(黄第藩等,1996;徐永昌,1999;陈安定,2002;戴金星等,2005;Liu et al.,2009);中上扬子地区发育多套优质烃源岩,但远未达到其对应的油气藏规模(邹才能等,2014)。现在发现的大型海相油田,特别是塔里木盆地,如塔河油田,它们的原油地球化学特征,包括生物标志化合物和大分子化合物,均显示出碳酸盐岩烃源岩来源的特征。因此,我国海相碳酸盐岩,虽然热演化程度高,TOC 值低,但依然值得重新探讨其作为烃源岩的可能性。

三、有机质测定新方法

总有机碳(TOC)是衡量有机质丰度的一项重要指标,使用方便,应用广泛。石油地质勘探专业标准化委员会在 1995 年制定了专门标准用于测量岩石常规 TOC 值,测试流程如图 4-4 所示,具体测试步骤为:①样品粉碎至 100 目;②加入浓度为 5% 的稀盐酸,此步骤可除去样品中的碳酸盐,避免源岩中无机碳对有机碳测量的干扰;③用蒸馏水反复淋洗至中性,对固相物进行 TOC 值测定,而酸解液则被丢弃。

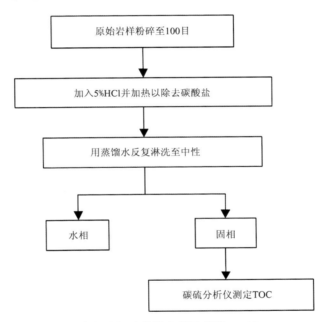

图 4-4　常规有机碳检测流程示意图(刘鹏等,2016)

研究发现,大量的有机质随酸解液丢弃而未被纳入有机碳的测量范围。佛罗里达湾现代碳酸盐岩沉积物的研究,发现酸溶性有机碳的含量可达总有机碳含量的 44%(Roberts et al.,1973)。孙敏卓(2009)对塔里木盆地碳酸盐岩样品 TOC 测试中的酸解液进行了分析,结果证实这些被丢弃的酸解液,其中含有大量的烷烃、芳烃、有机酸、酮和醛等有机质,这些有机质 C/H 值高,会对 TOC 值的测量造成较大的影响。由于酸解液中流失的有机物未纳入到有机碳测试范围内,造成传统总有机碳测试值偏低,不能反映样品的有机碳真值。

为解决上述问题,刘鹏等(2016)设计了蒙脱石增稠元素分析的新方法来准确定量碳酸盐岩样品中包含有机酸盐在内的总有机碳(TOC),测试流程如图 4-5 所示。在实验过程中,加入蒙脱石,经搅拌后,会与酸解液和除去无机碳的岩样形成糊状,这种增稠后的糊状物质可视为均一的固态物质,从而可利用元素分析仪测试获得碳元素含量并将其换算为原岩的有机碳含量。该方法的优势有三点:①减小了酸溶性有机质未纳入有机碳测试范围而带来的误差;②不存在外来杂质的干扰;③新方法获得的元素分析换算有机碳值相对误差较小。

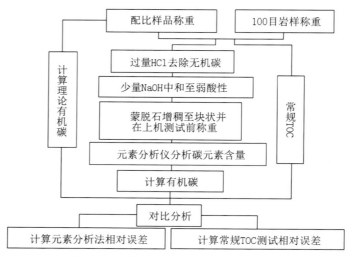

图 4-5 蒙脱石增稠元素分析新方法的实验流程图(刘鹏等,2016)

蒙脱石增稠元素分析的新方法为高演化海相碳酸盐岩有机质丰度及生烃潜力评价提供了新依据。

为验证蒙脱石增稠元素分析新方法的可靠性,刘文汇等(2017)对比了传统方法和有机质测定新方法对样品有机质丰度的评价结果。样品来自塔里木盆地、鄂尔多斯盆地以及美国 Eagle Ford 盆地的碳酸盐岩与泥灰岩露头样品。两种不同方法 TOC 测量结果如表 4-3 所示。分析实验结果可发现,使用新方法测量得到的 TOC 要明显高于常规方法。并且新方法测定的生烃有机质,其碳同位素组成在 31‰ 左右,说明所测的碳是有机碳,TOC 值的增高并非是无机碳的介入。目前碳酸盐岩烃源岩有机质丰度评价标准,0.4%~0.5% 属于相对高的下限指标,即便如此,新方法测试结果显示,测试样品均为有效烃源岩,甚至部分样品可列入中—好烃源岩范围。蒙脱石增稠元素分析新方法是对碳酸盐岩烃源岩潜力评价的补充。

表 4-3 应用常规方法和新方法测试塔里木盆地寒武系碳酸盐岩的 TOC 值(刘文汇等,2017)

样品编号	盆地	岩性	地层	常规方法测得 TOC/%	新方法测得 TOC/%	新方法测得碳同位素组成/‰
Tsgt-3	塔里木盆地	灰岩	肖尔布拉克组	0.08	0.60	−31.9
Tsgt-4	塔里木盆地	泥质灰岩	肖尔布拉克组	0.61	1.41	−31.3
Tsgt-5	塔里木盆地	泥质灰岩	肖尔布拉克组	0.47	1.18	−32.2
D67-6	鄂尔多斯盆地	灰岩	马家沟组	0.14	0.37	−27.7
D67-8	鄂尔多斯盆地	灰岩	马家沟组	0.13	1.81	−28.6

续表 4-3

样品编号	盆地	岩性	地层	常规方法测得 TOC/%	新方法测得 TOC/%	新方法测得碳同位素组成/‰
XP5-3	鄂尔多斯盆地	灰岩	马家沟组	0.05	0.37	−28.2
D113-37	鄂尔多斯盆地	灰岩	马家沟组	0.06	0.46	−35.8
MG05	鄂尔多斯盆地	灰岩	马家沟组	0.15	0.68	−28.8
M01	美国 Eagle Ford 盆地	灰岩	白垩系	4.32	5.15	−27.7
M14	美国 Eagle Ford 盆地	灰岩	白垩系	0.09	0.41	−36.7

四、有机酸盐

有机酸盐是一种以盐类形式保存在地层中的有机质,由有机酸与金属离子反应形成。有机酸盐主要形成于碳酸盐-膏盐沉积环境,该环境具备丰富的可形成酸的原始有机质,具备有利于生成有机酸盐的碱性环境。

1. 溶解性

有机酸中不同成分的溶解性差异很大,其中溶于水的有钠盐和短链有机酸中的钙、镁盐;不溶或难溶于水的包括□等和长链有机酸中的钙、镁盐。有机酸盐对有机溶剂的溶解有明显的选择性,例如硬脂酸钙溶于苯,但不溶于氯仿和乙醇,而软脂酸钙微溶于苯和氯仿(周世新等,1997;Teng et al.,2006)。

2. 热稳定性

热失重分析结果显示,有机酸盐的热失重温度明显高于同类有机酸,但远低于纯碳酸盐矿物(图 4-6)。具体来说,硬脂酸在 230℃ 以下裂解,有机酸盐类则需要 340℃ 以上的裂解温度,碳酸钙晶体在 700℃ 以后才被破坏(图 4-7)。热失重结果表明,有机酸盐相对于有机酸,前者热稳定性更高(刘文汇等,2017)。

3. 成烃特征

早在 20 世纪 70 年代,人们认识到有机酸盐具有生烃能力(Carothers and Kharaka,1978),但从烃源岩角度进行的生烃热模拟研究较为少见,对有机酸盐的生烃过程和生烃特征的认识仍然十分有限。刘文汇等(2017)选用了硬脂酸钙进行常规生烃模拟研究,结果显示,液态烃从 150℃ 开始就有少量生成,375℃ 出现生成高峰;气态烃开始生成需要温度达到 350℃,450℃ 时开始进入生成高峰,并且随模拟温度的升高而继续增大。气态烃产率很高,显著高于液态烃。模拟结果表明,有机酸盐类生烃峰温高于一般有机质的生烃峰温,生烃特征表现为高温裂解成烃、主体成气和成烃转化率高,说明有机酸盐在高温条件下具有很强的生烃能力,这也是海相碳酸盐岩烃源岩高热演化阶段仍有生烃能力的关键所在(刘文汇等,2017)。

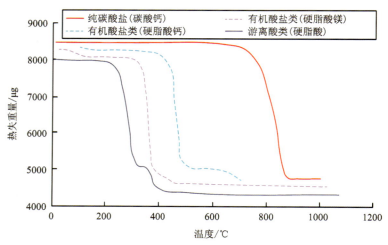

图 4-6　有机酸、有机酸盐和碳酸盐矿物热失重变化特征（刘文汇等，2017）

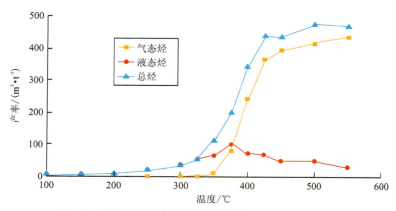

图 4-7　硬脂酸钙生烃模拟热演化特征（刘文汇等，2017）

第五章

煤系烃源岩
生烃理论及研究进展

第五章 煤系烃源岩生烃理论及研究进展

第一节 煤系天然气

一、资源类型

煤系中由煤、碳质泥(页)岩和暗色泥(页)岩所生成的天然气,被称为煤系天然气(戴金星,2018),包括了煤系源岩中滞留的煤层气、页岩气和从煤系源岩中运移出来在煤系中或其外聚集形成的煤系气藏。煤系天然气也可进一步细分为2种主要资源类型,包括非常规"连续型"和常规"圈闭型",它们在聚集形态、聚集机理、分布特征、勘探对象和开发模式等方面均有明显的不同(邹才能等,2019;图5-1)。

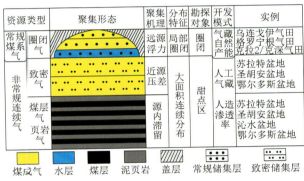

图5-1 煤系天然气的不同资源类型(邹才能等,2019)

二、资源分布

从全球分布来看,美国、澳大利亚、加拿大、俄罗斯和中国等是主要产气国(邹才能等,2019;图5-2)。美国是最早成功勘探开发煤层气的国家,商业化生产煤层气的盆地主要有圣胡安、黑勇士、粉河、尤因塔、拉顿、阿巴拉契亚、阿克玛、皮申斯等。澳大利亚和加拿大也是产气大国,前者主要见于苏拉特、鲍温等盆地;后者主要分布在阿尔伯塔等加拿大西部沉积盆地。欧洲也有一些大气日,见于德国西北盆地和西荷兰盆地等。

中国发现煤系大气田共计39个(截至2016年底,邹才能等,2019),占全国大气田总数(59个)的66%。其中在陆上主要分布于鄂尔多斯盆地、四川盆地、塔里木盆地和柴达木盆地,在海域中主要见于莺歌海—琼东南盆地和东海盆地。

三、主要聚煤期

聚煤期以及聚煤作用的强弱涉及到多方面的因素,主要受控于地质历史时期古构造、古气候、古地理、古植物等(杨起,1987;李增学等,2005)。晚泥盆世开始出现小规模森林,相应的具有工业价值的煤炭资源也开始形成,自此聚煤作用也就未曾中断,延续至今,但聚煤作用的强弱在各个时期并不相同。地质历史时期有3个明显的聚煤作用高峰期,包括晚石炭世—

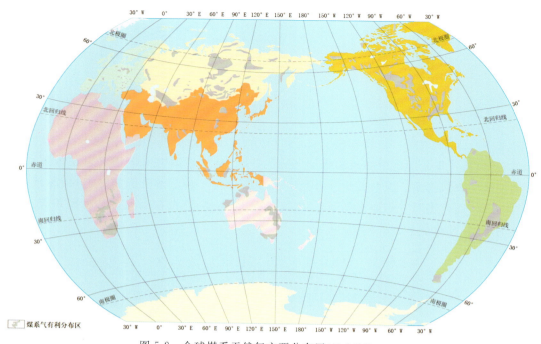

图 5-2　全球煤系天然气主要分布区(邹才能等,2019)

二叠纪、侏罗纪和晚白垩世—新近纪(杨起,1987),全球几乎所有的煤炭资源(超过99%)分布在这3个聚煤期的沉积地层中(Pashin,1998)。

聚煤期Ⅰ:晚石炭世—二叠纪,地势平坦,植物繁盛,聚煤作用强,形成了分布广泛的聚煤盆地和含煤地层;聚煤期Ⅱ:侏罗纪,该时期裸子植物最为繁盛,是中国最为重要的聚煤期;聚煤期Ⅲ:晚白垩世—新近纪,被子植物逐步在植物界占据绝对统治地位,构造活动强烈,气候分带明显。

整体来看,聚煤作用呈现出随时间的推移而不断增强的特征,尤其是从晚三叠世以来,由此推测第四纪全球泥炭矿床广泛分布,其聚煤作用的强度也很大(邹才能等,2019)。

四、主要聚煤区

世界煤炭资源地理分布广泛,遍及各大洲,但分布不均,总体上北半球多于南半球,北半球又以北纬30°~70°最为集中,聚集了世界煤炭资源量的70%以上(图5-2)。中亚—俄罗斯、美国和中国的煤炭资源最丰富,合计超过全球煤炭资源总量的83%。南半球各大洲的煤炭资源都比较少,其中大洋洲约占5.1%,非洲占1.4%,南美洲最少,不到0.4%,南极洲也发现有煤炭资源(邹才能等,2019)。

第二节　煤成气(烃)理论

煤成气(烃)理论可追溯到20世纪40~70年代,当时的德国学者指出,煤能生气,并且气能从煤中运移出来在煤系中或其外聚集成藏(史训知等,1985)。戴金星(2001)指出,该阶段的煤成气(烃)理论关注到煤能生气,但忽视了煤能生油,属于简单的煤成气理论阶段。Brooks and Smith(1967,1969)以吉普斯兰盆地为例,指出煤不仅能成气,还可以成油,并且注意到煤中的壳质组对成油有不可忽视的贡献,形成了煤成油理论。煤成油理论丰富了煤成气(烃)理论,但尚未关注到油和气在煤系成煤作用全过程成烃中的比例关系(戴金星,2001)。完整的煤成气(烃)理论由戴金星在1979年所创立,其理论核心在于煤系为气源岩,煤系成烃以气为主,以油为辅(戴金星,2018)。

煤系成烃以气为主、以油为辅,其依据有4个方面。

(1)原始物质。煤的原始物质主要为木本植物,其组成包含纤维素、木质素、蛋白质和类脂类。纤维素和木质素H/C(原子)值低,以生气为主,占总组分的60%～80%;蛋白质和类脂类H/C(原子)值高,以生油为主,但含量很低,一般不超过5%(王启军和陈建渝,1988)。原始物质的组成特征,决定了煤系以生气为主成油为辅。分析煤系有机质的镜质组、惰质组和壳质组,其H/C(原子)模拟成烃的气/油当量比显示,镜质组和惰质组H/C(原子)值低,成烃以气为主;壳质组H/C(原子)值高,利于生油,但含量一般很低,形成的油很少(戴金星等,2014;图5-3)。

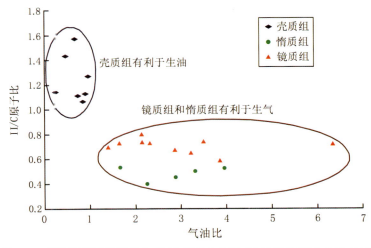

图5-3 腐殖煤不同显微组分H/C原子比与气/油比关系(戴金星等,2014)

(2)气孔。Dai and Qi(1982)对不同地区8个煤种85个煤样样品进行扫描电镜观察,均发现了气孔,认为气孔是煤成气作用的产物与痕迹。

(3)化学结构。腐殖型干酪根在化学结构上以甲基和缩合芳环为主,少量短侧链,有利于生成烷烃气及一定量轻烃;腐泥型干酪根则含有很多长侧链,有利形成石油(Hunt,1979)。

(4)模拟实验。国内不同地质时代、不同煤的热模拟生烃曲线(图5-4)亦显示出,煤成烃以生气为主成油为辅。

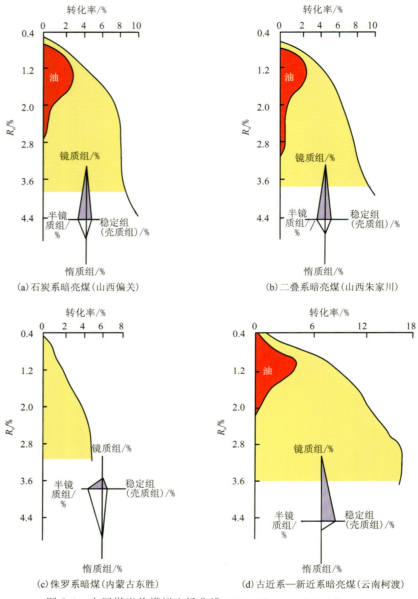

图 5-4 中国煤岩热模拟生烃曲线（张文正等，1987；戴金星等，2014）

第三节 河流-三角洲沉积体系

河流-三角洲沉积体系是煤型气分布的主要场所（邓运华等，2021）。大型河流-三角洲的发育是导致海相河口区烃源岩复杂化的重要影响因素（邓运华，2010；胡利民，2010；Deng，2016）。邓运华等（2021）从河流的角度分析了在此类背景下烃源岩沉积环境和发育模式。

一、烃源岩沉积环境

依据有机质来源的不同,可将河流-三角洲环境下发育的烃源岩分为三角洲平原-滨海平原沼泽煤系烃源岩和前三角洲-浅海泥质烃源岩两种类型,这里仅介绍煤系烃源岩。

三角洲平原-滨海平原沼泽环境下的煤系烃源岩,其有机质主要来自陆源高等植物。此环境下的煤系烃源岩,是多种因素共同作用下的产物,如气候、构造、地貌和水文条件等因素。气候影响了植物的群落类型,提供了聚煤作用的物质基础;构造、地貌和水文条件控制了聚煤盆地的形成和演化。例如,气候潮湿的条件下,大陆边缘盆地大型三角洲平原沼泽环境,高等植物繁盛,如果盆地沉降、相对海平面变化周期以及植物遗体供给速率达到一定的平衡时,易发育大规模的煤系地层。如果这种平衡被破坏,泥炭层的堆积也就随之终止,这解释了在沉积旋回中,煤层只在一定层位出现。

在各种类型的三角洲沉积体系中,河控、潮控和浪控三角洲体系,对煤系的形成影响不一。河流作用为主的河控三角洲体系为成煤作用提供了更有利的沉积环境,原因在于:①河流作用下,三角洲平原及三角洲前缘滨岸地带不断向前推进,是泥炭沼泽发育的良好场所;②三角洲朵叶地势低平,废弃之后其良好的含水土壤是高等植物生长和成煤的场所。潮控三角洲受潮汐和河水双重作用的影响,也是良好的成煤场所,成煤模式以泥炭坪和水生沼泽成煤为主。浪控三角洲受到高能量海浪的侵蚀和氧化,难以形成厚煤层。总结来说,大型河控、潮控三角洲平原是煤系烃源岩发育的有利沉积相带。此类环境具有地势低洼、水体滞留的特点,有利于植被的生长和繁盛,易形成厚度较大、分布稳定的泥炭沉积,并最终成煤。

二、烃源岩发育模式

观察河流-三角洲沉积体系中有机质发育的沉积背景差异,烃源岩共有 4 种主要发育模式,主要包括三角洲平原沼泽煤系烃源岩、三角洲平原淡水湖泊/潟湖煤系烃源岩、滨海平原沼泽煤系烃源岩以及前三角洲-浅海泥质烃源岩发育模式,这里仅介绍前三种。

1. 三角洲平原沼泽煤系烃源岩发育模式

三角洲平原沼泽煤系烃源岩主要发育于大型河控三角洲平原沼泽,气候温暖潮湿、陆源碎屑物供给充足、地形低洼平坦以及盆地可容空间增长稳定。厚层煤层主要发育在三角洲平原河道间、河道间湾和废弃河道地区的沼泽环境,地势低缓、土壤含水量较高,主要发育木本植物或者芦苇苔草植物的中—低位沼泽。煤层厚度稳定,横向连续性较好,发育水体相对处于偏氧化环境。煤层显微组分上,镜质组含量最高,壳质组含量较低。

2. 三角洲平原淡水湖泊/潟湖煤系烃源岩发育模式

三角洲平原上被废弃的河道和决口扇沉积物淤塞的淡水湖泊,或者是障壁岛阻隔而成的潟湖,其水体一般不深,常发育三角洲平原淡水湖泊/潟湖煤系烃源岩。此类煤系烃源岩成于水下环境,煤层品阶显著优于三角洲平原沼泽煤层,一般为亚烟煤和烛煤。壳质组分和藻类化石丰富,镜质体较少。煤炭化早期阶段,一般为富有机质软泥,发育水体相对处于偏还原环境,所形成的煤系烃源岩生烃潜力较高。

3. 滨海平原沼泽煤系烃源岩发育模式

滨海平原沼泽煤系烃源岩一般发育在滨岸带沼泽。所发育的烃源岩特征介于三角洲平原沼泽和三角洲平原淡水湖泊/潟湖之间。显微组分仍以镜质组为主,但壳质组含量介于前两种模式之间。受海平面变化影响较大,煤层中硫含量较高,明显区别于前两种模式。

第四节 二次生烃研究进展

烃源岩因热温度降低导致生烃过程被终止,若之后地热温度再次增高达到有机质再次活化所需要的热动力学条件,烃源岩会发生再一次的生烃演化(图 5-5)。这一过程可能发生一次,也可能发生多次,在实际研究中,一般习惯于把烃源岩第一次生烃之后的第二次和多次生烃过程统称为二次生烃。

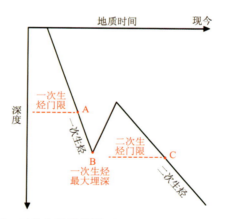

图 5-5 二次生烃示意图(关德师等,2003;倪春华,2009)

石炭系—二叠系煤系烃源岩广泛分布于华北地台,至中生代三叠纪中晚期,因埋深增大逐渐达到生油门限,发生初次生烃;进入侏罗纪后,受构造抬升作用影响,华北地台大部分地区初次生烃中止;到了新生代,大规模的裂谷活动使得许多残留煤系烃源岩的埋深超过三叠纪时期的埋深,开始二次生烃(郑礼全等,2001;朱炎铭等,2001;郝蜀民等,2016)。这种现象在中外含油气盆地均有发生,例如加拿大 Jeanne d'arc 盆地(Von der Dick et al.,1989)、利比亚 Ghadames 盆地(Galushkin and Sak,2014)和 Murzuq 盆地(Belaid et al.,2010)以及国内的渤海湾盆地。

渤海湾盆地的苏桥、文留和曲堤等构造带均已发现石炭系—二叠系煤系烃源岩贡献的油气资源(梁宏斌等,2002;许化政和周新科,2004;于岚,2006;王力,2008),指示石炭系—二叠系是盆地深层重要的油气勘探层系(康玉柱和凌翔,2011)。针对渤海湾盆地石炭系—二叠系煤系烃源岩二次生烃的相关研究,包括二次生烃的条件、二次生烃的动力学机制和二次生烃模式等方面,已取得诸多研究成果。

一、基本条件

要研究盆地内石炭系—二叠系煤系烃源岩二次生烃的门限深度和起始成熟度等二次生烃条件,需要综合以下几方面的资料:①弄清盆地内残留发育二次生烃煤系烃源岩的分布情况,包括在低凸起区、斜坡带和洼陷带等构造单元的分布情况;②各构造单元的古地温梯度和烃源岩地化特征差异;③R_o剖面特征;④研究方法——盆地模拟技术所恢复的热演化史和生烃史。研究结果显示(朱炎铭等,2001;李政,2006;倪春华等,2015),不同构造单元甚至是同一类型构造单元的烃源岩,其在新生代二次生烃条件均存在差异(图5-6)。例如同属低凸起区的沧东凹陷孔西潜山和沾化凹陷孤北潜山,前者二次生烃门限深度约为3000m,R_o约为0.8%(朱炎铭等,2001);后者二次生烃门限深度约为4000m,R_o约为0.8%(李政,2006)。不同构造单元二次生烃条件也存在差异,例如武清凹陷苏桥-文安斜坡带石炭系—二叠系煤系烃源岩在埋深超过3500m开始二次生烃,R_o约为0.7%;东营凹陷洼陷带则需要埋深超过4500m才开始二次生烃,R_o约为1.0%(李政,2006)。观察埋藏深度,总体来看,由低凸起区、斜坡带至洼陷带,石炭系—二叠系煤系烃源岩的二次生烃门限深度是逐渐增大的(图5-6)。观察二次生烃的起始成熟度,结果尚未显示出明显的规律性,推测是新近纪以前的热演化史差异而导致的结果,指示石炭系—二叠系煤系烃源岩二次生烃起始点具有空间差异性。

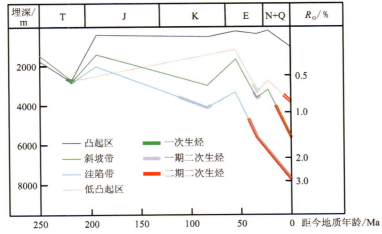

图5-6 渤海湾盆地石炭系—二叠系煤系烃源岩二次生烃演化示意图(徐进军等,2017)

二、生烃动力学机制

对烃源岩二次生烃的动力学研究主要借助于可反映地下温度和压力条件的热模拟实验。样品可选择自然演化系列样品和人工制备样品,加热方式主要有连续升温、程序升温和不同升温等。通过分析不同起始成熟度样品在不同温度条件下的二次生烃特征,揭示其生烃动力学机制。

不同升温速率的热模拟实验可用来反映地温梯度差异对二次生烃的影响。结果表明,不同升温速率对二次生烃的影响体现在二次生烃的产率、碳稳定同位素值以及化学反应活化能等方面。

不同的升温速率可控制气态烃和液态烃的产率。相对于高升温速率,低升温速率条件下气态烃累积产率的增幅更大(郭春清,2011;Li et al.,2013);而升温速率的增加会使液态烃产率峰值的迟滞效应增强(李林,2011),但是对气态烃和液态烃累积产率的变化趋势未产生影响。

碳稳定同位素值也受升温速率的影响。在热演化的不同阶段,不同升温速率条件下碳稳定同位素值发生不同的变化。以400℃为界,400℃以下,高升温速率条件下的甲烷碳同位素值重于低升温速率;400℃以上,则轻于低升温速率条件(郭春清,2011)。

不同起始成熟度样品的热模拟实验,可以揭示不同构造单元及二次生烃起始点对二次生烃动力学机制的影响。实验结果发现(图5-7),二次生烃过程中均存在生烃高峰期(吕剑虹等,2008),相对于初次生烃,二次生烃的高峰期存在不同程度的迟滞效应,并且这种迟滞效应随二次生烃起始成熟度的升高而更加显著(关德师等,2003;金强等,2008);同时C_2以上烃类的质量分数越低,气体组成越干燥,而油气比先增大后减小(宫色等,2002)。

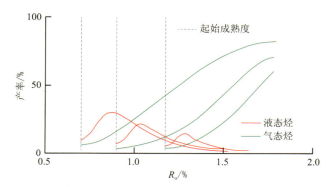

图5-7 不同起始成熟度样品的热模拟生烃曲线(徐进军等,2017)

利用动力学模型来计算化学反应活化能,结果表明,煤系烃源岩二次生成气态烃的化学反应活化能并不一致;二叠系煤岩甲烷和$C_2 \sim C_5$气态烃的化学反应活化能高于泥岩,石炭系则刚好相反(郭春清,2011),但整体趋势上,煤系烃源岩二次生烃的化学反应活化能随温度的升高和产率的增加而不断增加(李林,2011)。总气态烃的化学反应活化能在二次生烃时高于初次生烃,这会导致液态烃早于气态烃生成,气态烃的产率也低于初次生烃;虽然甲烷的化学反应活化能在二次生烃时高于初次生烃,但是初次生烃过程中C_2以上重烃生成较多,导致二次生烃干燥系数仍高于初次生烃(金强等,2008;李林,2011)。

三、二次生烃模式

二次生烃的模式存在以下3种不同的认识:①二次生烃与初次生烃是连续的过程(刘洛夫等,1995;宫色等,2002);②二次生烃与初次生烃是不连续的过程(冉启贵,1995);③起始成熟度不同,二次生烃模式也不同(秦勇等,2000;何瑞武等,2005)。第三种观点受到更多学者的认可,金强等(2009)在此基础上,建立了5种二次生烃模式(图5-8)。

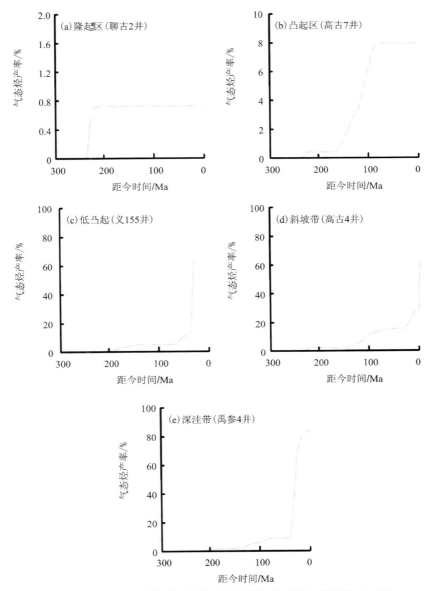

图 5-8　石炭系—二叠系煤系烃源岩在不同构造单元的生烃模式(金强等,2009)

(1)隆起区中晚期不生烃模式,以鲁西隆起区为代表[图 5-8(a)]。石炭系—二叠系烃源岩在 230Ma、埋深超过 2200m 时进入生气门限;225Ma 之后,构造运动致使其生烃过程停滞。

(2)凸起区晚期不生烃模式,如大城凸起[图 5-8(b)]。该区发生有两次生气过程,一次在 230~225Ma,气态烃产率为 0.5%;最近的一次在 160~98Ma,气态烃最大产率为 8%。进入新生代古近纪,地层抬升遭受剥蚀,之后在新近纪重新接受沉积,现今埋深约为 3000m,但未能达到再次生气的门限,因而在新生代没有生烃过程。

(3)低凸起区晚期成熟—高成熟生烃模式,孤北区块为其典型代表[图 5-8(c)]。230Ma 左右该区石炭系—二叠系烃源岩开始生气,气态烃产率为 0.3%;再次生气时为 160~98Ma,

气态烃产率约为5%;14Ma又开始大量生气,现今埋深近5000m,气态烃产率超过60%。

(4)斜坡带晚期成熟—高成熟生烃模式,分布广泛[图5-8(d)]。其煤系烃源岩存在3次生烃作用:约230Ma,埋深超过2200m,气态烃产率小于1%;160~98Ma时第二次生烃,气态烃产率为6%;第三次生烃发生在14Ma左右,埋深超过4000m,气态烃产率急剧增大。

(5)深洼带晚期过成熟生烃模式,禹城洼陷是其典型代表[图5-8(e)]。石炭系—二叠系烃源岩在230~225Ma(三叠纪末)发生微弱生气作用,气态烃产率仅为1%;再次生烃发生于160~98Ma,累计气态烃产率为8.6%;第三次显著的生烃作用见于新生代,现今埋深超过了7000m,累计气态烃产率高达为85%。

这5种二次生烃模式当中,斜坡带晚期成熟—高成熟生烃模式和深洼带晚期过成熟生烃模式均可提供丰富的二次生烃资源,是有利的二次生烃源岩灶,而低凸起区晚期成熟—高成熟生烃模式则次之。

四、关键问题

徐进军等(2017)总结渤海湾盆地石炭系—二叠系煤系烃源岩二次生烃研究进展时指出,尚有3个关键问题需要深入研究,包括二次生烃起始点确定、二次生烃动力学机制研究和二次生烃有效性评价。

二次生烃起始点的确定,是开展二次生烃研究的基础和关键。构造演化的差异,烃源岩初次生烃中止时热演化程度的差别,以及地质条件不同,这些差异必然导致二次生烃起始点存在显著不同(图5-6)。因此,二次生烃起始成熟度和地温梯度等地质条件,需基于不同构造单元来确定,并以此来开展二次生烃动力学机制研究,这样在不同区带评价二次生烃资源潜力和勘探开发才具有实际意义。徐进军等(2017)指出可通过恢复高精度烃源岩的生烃演化史来确定二次生烃的起始点,具体方法为:①恢复构造单元的构造史与埋藏史;②弄清古地温和古地温梯度差异;③数值模拟技术分析不同构造单元烃源岩的热演化史和生烃史;④确定不同构造单元二次生烃门限深度;⑤计算出与二次生烃门限深度相对应的二次生烃起始成熟度,即可以确定二次生烃起始点。

明确不同构造单元、不同烃源岩在特定地质条件下的二次生烃动力学机制,才能为定量评价二次生烃资源潜力和预测有利勘探目标区奠定可靠的理论基础,是深层煤系烃源岩二次生烃成因油气资源潜力评价的关键问题(徐进军等,2017)。

进入二次生烃阶段,可生成具有工业价值的油气资源量,并且与成藏地质条件形成良好匹配的二次生烃,才能称为有效二次生烃。准确的二次生烃有效性评价,是预测有利二次生烃区带的关键,是推动石炭系—二叠系煤成油气资源勘探进展的关键问题。徐进军等(2017)指出,完成二次生烃起始点确定和二次生烃动力学机制研究,便可以有效解决这一问题,具体方法为:①选取合适的动力学模型;②在二次生烃潜力评价中运用在不同构造单元不同地质条件下建立的二次生烃模式;③计算不同构造单元的二次生烃量;④根据二次生烃量,确定是否能够达到聚集形成油气藏的规模;⑤结合同期油气成藏地质条件,进行不同构造单元的二次生烃有效性评价,预测有利的二次生烃目标区。

第五节 高演化阶段生气潜力

一、煤成气生成量

煤系气源岩生气量主要受到有机质成熟度和显微组分组成的影响,以往研究认为,对于 R_o 值大于 0.5% 的腐殖煤,其生气量一般不高于 $200m^3/t_{TOC}$(戴金星等,2001)。张水昌等(2013)指出,过去的模拟实验,其设计程序都是快速的升温,这会导致有机质不能充分裂解而使得煤生成的甲烷量偏低,同时甲烷在封闭体系高温条件下也会进一步分解,使测定的产气率数据偏低。为弄清煤系地层究竟有多大生气潜力,张水昌等(2013)采用了延长加热时间和不同成熟度系列煤 H/C 元素比的方法来确定煤成气的生成量。

实验采用黄金管体系反应装置,设计了两种升温策略,分别为程序升温方法和分步恒温加热方法。程序升温方法设定的程序为 1℃/h,分步恒温加热方法是将样品加热到某一温度,恒温 3d,对其生成的气体进行定量分析,之后再对模拟残渣进行下一个温度点的模拟、恒温和定量,如此反复,得到煤的最大累积生气量。后者的优势在于可以避免低温下生成的气体在高温下发生裂解。

实验结果显示(图 5-9),程序升温实验组生成的甲烷在 575℃ 时就会发生分解,此时测定煤的最大生气量不到 $200m^3/t_{TOC}$。采用分步恒温加热方法获得的煤的最大生气量可达 $330m^3/t_{TOC}$(图 5-9)。

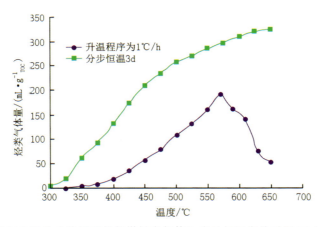

图 5-9 鄂尔多斯盆地侏罗系低熟煤烃类气体生成量与温度关系图(张水昌等,2013)

煤中 H/C 原子比与成熟度的关系(Chen et al.,2008)也可以确定煤的最大生气潜力,通过计算发现,R_o 值为 0.5% 的煤在 R_o 达到 6.0% 时所能产生的理论最大生气量可高达 $383m^3/t_{TOC}$,高于模拟实验结果($330m^3/t_{TOC}$)。因此,煤系烃源岩的最大产气量可能达到 $300m^3/t$ 以上,至少高出以往认识的(小于 $200m^3/t_{TOC}$)1/3。该结果对我国煤成气生气量及资源量评价具有重要意义。

二、结束时限

煤及煤系泥岩作为气源岩,其煤成气的生成可贯穿于整个成煤作用的演化阶段(戴金星等,2006;肖芝华等,2009),但具体到各演化阶段的生气情况,有不同的认识。一些早期的研究结果认为煤的生气红线在 R_o 约为 2.5%,在 2.5%~3.0%之后其生气潜力很低(肖芝华等,2009);一些学者认为煤系气源岩生气潜力的 R_o 下限可延至 5.0%,原因在于煤系气源岩在高演化阶段,其有机质可以重新组合并形成新的干酪根(Dieckmann et al.,2006;Erdmann and Horsfield,2006;Mahlstedt et al.,2008);甚至还有学者将腐殖煤生气 R_o 下限延至 10%,认为以煤为代表的Ⅲ型有机质(有机质高度富集)生烃率低,生烃延续的成熟阶段长,没有明显的生气高峰(Chen et al.,2008)。张水昌等(2013)采用黄金管热模拟的方法进行了生气量模拟,将煤的天然气生成下限延伸到 $R_o=5.0\%$。

实验样品采自松辽、沁水和鄂尔多斯等盆地,样品为 7 个煤样,R_o 值范围为 0.56%~5.32%。实验采用程序升温方法,升温速率为 20℃/h 并快速加热到 650℃。实验结果显示煤在 R_o 值为 5.32%以前还能生气(图 5-10)。

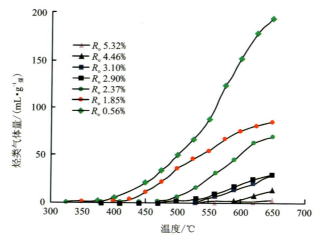

图 5-10 不同成熟度煤岩生气量模拟(张水昌等,2013)

核磁共振分析结果显示,煤中脂碳含量随成熟度的增加而逐渐降低,到 R_o 值为 5.32%时,煤脂碳含量已经基本为零(图 5-11)。基于此,煤生气结束的 R_o 界限值可定在 5.0%。

三、演化阶段

根据茂名新近纪未成熟褐煤生气热模拟及产物甲烷碳同位素测定结果(孙永革等,2013;图 5-12),在传统的煤系有机质生气演化三阶段的基础上(戴金星等,2001;胡国艺等,2010),张水昌等(2013)将煤热演化生气过程进一步细化为 4 个阶段。

阶段一(A):$R_o<0.5\%$ 的未成熟演化阶段,为生物-热共同作用阶段。本阶段主要是有机质生物发酵及厌氧环境下的 CO_2 还原生成的生物气,可能伴有少量热力作用下生成的天然气。天然气生产量为 48~85m³/t(戴金星等,2001)。

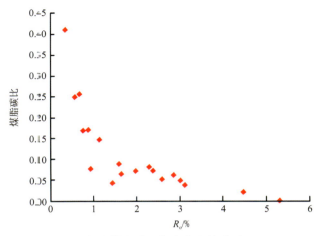

图 5-11　不同成熟度煤脂碳比与成熟度的关系(张水昌等,2013)

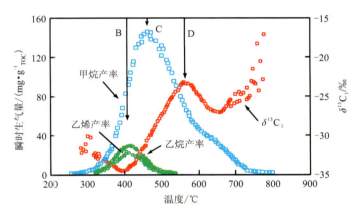

图 5-12　茂名未成熟褐煤热模拟产气率、产物碳同位素及生气阶段
(孙永革等,2013;张水昌等,2013)

阶段二(B):R_o为0.5%～1.3%的成熟阶段,属于传统的主生油窗阶段。该阶段天然气以甲烷为主,伴有乙烷、丙烷等重烃气,同时也可以生成少量液态烃类。本阶段甲烷的碳同位素在煤热成因天然气中最轻,指示该演化阶段的生烃作用主要为煤结构中低键合能的基团,例如芳环上的长侧链烷基断裂生气。该阶段天然气生气量约为80m³/t。

阶段三(C):R_o为1.3%～2.5%的高—过成熟阶段,也是主生气阶段。本阶段天然气主要来自于煤中短链烷基断裂脱落,或者来自已经生成但没有排驱的长链烃类裂解。随着温度的增加,相对于^{12}C,稳定性较高的^{13}C数量逐渐增加,天然气甲烷的碳同位素呈现出线性变重的特征。天然气生气量为80～120m³/t。

阶段四(D):R_o为大于2.5%的过成熟演化阶段,主要生成干气。该阶段甲烷的碳同位素呈现出随着模拟温度增加明显变轻之后又变重的变化规律。这一变化特征推测是煤生气母质的差异所导致的。在甲烷碳同位素变轻的过程中,煤中残留的液态烃或C_{2+}的气态烃发生裂解,导致生成的甲烷碳同位素较轻;进入700℃以上,煤生成的甲烷碳同位素开始变重,可能受煤中芳烃母质来源的影响,在高演化阶段,芳构化作用生成释放的碳同位素比较重,进而导致煤生成的甲烷碳同位素变重。该阶段天然气生气量可达 $100\sim150m^3/t$,占总生气量的 $30\%\sim50\%$。

煤成气的生成贯穿于整个成煤作用的演化阶段,是全天候的连续过程,但不同阶段的生气量、生气母质和气的组成不同,机制也不一样。煤系源岩干酪根具有其特殊性,含有大量烷基酚类化合物和芳构化结构的物质,这些物质只有在高温环境下才能发生裂解,故而过成熟阶段仍然有大量天然气生成,这对高—过成熟含煤盆地煤成气资源评价具有重要的应用价值。

第六节 地层水影响

近些年来,地层水、无机矿物等在有机质生排烃中的作用引起学者们的重视(Seewald,2003;Su et al.,2006;刘金萍等,2007;Lewan et al.,2008;Pan et al.,2008;王永诗等,2013;Cheng et al.,2017,2018,2019;Gao et al.,2018),特别是地层水,由于其含氢,可以作为有机质生烃的潜在氢源而在学术界引起广泛关注(Lewan,1997;Behar et al.,2003;Su et al.,2006;Wang et al.,2008;Lewan and Roy,2011;王永诗等,2013;孙丽娜等,2015)。水可以参与有机质热解反应,并在有机质热解生烃的过程中提供氢源,促进液态饱和烃的生成(Lewan,1997;Behar et al.,2003;Lewan and Roy,2011)。目前,水对石油生成的促进作用,这一点已经得到广泛的认可,而水对天然气的形成是否也同样有促进作用?为回答这一问题,陆续有学者开始关注这一研究方向,部分学者通过模拟实验研究发现,处于中—高成熟度阶段的有机质,水对其烃类气体的生成具有抑制作用(Lewan,1997;Behar et al.,2003;Su et al.,2006;Lewan and Roy,2011);也有学者发现,地层水对于腐殖型有机质中—高成熟阶段烃类气体的生成无明显影响(王晓锋等,2006;Wang et al.,2008;王晓锋等,2012)。总结来看,目前的研究显示处于中—高成熟度阶段的有机质,地层水对其生气特征的影响并未表现出类似于液态烃的促进作用。当有机质处于高—过成熟阶段时,地层水是否会对其烃类气体的生成产生积极影响,基于煤系烃源岩高—过成熟阶段的生气模拟,为探究该问题提供了新的认识。

煤系烃源岩在高—过成熟阶段,受有机质类型及成熟度控制,呈现出富碳贫氢的特征,而地层水含氢,因此,地层水对于高—过成熟煤系烃源岩生烃具有重要的潜在意义。高金亮等(2020)通过高温、高压条件下的生烃热模拟实验,探究了高—过成熟阶段水对于腐殖型有机质生气过程及产物特征的影响,明确了水对于深层高—过成熟煤成气形成与演化的意义。

实验样品来自松辽盆地下白垩统沙河子组煤系地层,其主要地球化学特征为:镜质体反射率为 0.62%,总有机碳含量为 63.6%,游离烃含量为 $0.92mg/g$,热解烃含量为 $120mg/g$,热解二氧化碳含量为 $3.6mg/g$,最大热解峰温为 $422℃$,氢指数为 $187mg/g$,氧指数为 $6mg/g$。此外考虑到煤本身含有一定量的游离水和结晶水,实验前还需烘干样品去除煤样内游离水分,减少煤样自身水分对实验的影响。

生烃模拟实验在黄金管热模拟生烃装置中完成,分为有水和无水两组,即烃源岩样品分别在有水和无水条件下进行。实验参数具体为:压力统一设定在 $40MPa$,以模拟地层高压环境;加热温度依次设定为400℃、430℃、450℃、500℃和550℃,以模拟高成熟环境,反应72 h。

实验结果可获得相同温度(相同成熟度)下有水和无水热解产物产率及特征,通过对比实验获得的数据,可探讨高—过成熟阶段水对腐殖型有机质生气特征的影响。

一、气产率特征

模拟实验结果显示,煤系烃源岩在有水和无水条件下的热解产物,其化学组成较为相似,均以烃类气体和CO_2为主,并含有少量的H_2,此外在低温段的热解过程中有极少量的H_2S产出。烃类气体以甲烷为主,还含有乙烷和丙烷等。

甲烷产率随着模拟实验温度的升高而不断升高,有水和无水实验组均呈现出此特征[图5-13(a)],表明甲烷累计产率随烃源岩成熟度的升高而增加。对比有水和无水实验组的甲烷产率,在400~550℃的模拟温度范围内,有水实验组甲烷产率始终高于无水实验组。进一步分阶段比较可发现,实验初始阶段(温度为400℃,相应的R_o值为1.75%),两组实验中甲烷产率的差异不明显。当温度继续上升,达到430℃(R_o值为2.27%)时,有水实验组甲烷产率增长13.9%,达到550℃(R_o值为4.34%)时,有水实验组甲烷产率增幅高达24.9%。

乙烷产率在有水和无水实验组总体上均随着模拟实验温度的升高而不断降低[图5-13(b)],其中有水条件下表现出一些差异,体现在反应初始阶段,乙烷产率在430℃前随模拟温度的升高而升高,之后随模拟温度的升高而下降。丙烷产率则在有水、无水条件下均随着模拟实验温度的升高而不断降低[图5-13(c)]。乙烷和丙烷产率随温度升高而降低的现象主要缘于其在高温条件下会发生裂解。进一步观察乙烷和丙烷的有水和无水实验组,前者在各温度点的乙烷、丙烷产率均略高于无水实验[图5-13(b)、(c)],烃类气体总产率也呈现出同样的特点[图5-13(d)]。特别是达到430℃之后,对应的R_o值大于2.27%,水的参与对烃类气体总产率起到明显的促进作用。该特征表明水对于腐殖型有机质在过成熟阶段的热解生烃具有显著的促进作用。

水对于生成气态烃的促进作用,高金亮等(2020)推测是水为过成熟阶段极度贫氢的腐殖型有机质提供了外源氢,提高了有机质的生气能力。Seewald(2003)推测水的供氢作用能够大大提高有机质在高演化阶段的生气能力,但一直未能得到模拟实验的有效证实。高金亮等(2020)的实验结果为这一论断提供了证据。在较低成熟度条件下,有机质本身的氢元素含量较高,外源氢的作用表现不明显甚至可能会被其他反应所掩盖,但当有机质演化至极度贫氢的过成熟阶段时,外源氢的加入能够有效提高干酪根的生烃潜力,显著地促进生烃反应的进行。模拟实验的结果也验证了这一点,有水实验组中的烃类气体,其氢同位素值普遍高于无水实验组,表明有水实验组烃类气体中的氢来源于富^2H水(δ^2H值为$-4.8‰$)的贡献。

非烃产物以CO_2为主,其次为H_2。CO_2和H_2产率在两种实验条件下均随着温度的升高而不断增加,相同实验温度下,有水实验组CO_2和H_2产率显著高于无水实验组[图5-13(e)、(f)]。结果指示水对于腐殖型有机质高—过成熟阶段CO_2和H_2的生成具有显著促进作用,印证了前人的认识(Su et al.,2006;Wang et al.,2008)。

有学者研究发现,有水条件下的有机质热解反应,其产生的CO_2含氧总质量高于有机质热解过程中失去氧的总质量,表明水参与了有机质热解反应过程并且为CO_2的生成提供了氧

(Stalker et al.,1994;Lewan,1997;Seewald et al.,1998)。水在这一过程的贡献细节,推测其与醛基、脂基和酮基等羰基官能团反应生成羧基,羧基可通过脱羧反应生成 CO_2(Lewan,1997);或者水与溶解于水中的烃类发生反应,使得烃类通过醇类、酮类等中间产物最终转化为羧酸,羧酸通过脱羧反应生成 CO_2。推测其过程:水中氧原子会与有机质结合形成 CO_2,而剩余的氢原子则从水中释放,一方面可结合生成 H_2,另一方面可以与烃基或大分子有机质之上的自由基相结合,参与有机质热解生烃反应,从而为有机质生烃提供外源氢,提高有机质生烃潜力。

总结来说,水能够参与腐殖型有机质高—过成熟阶段的热解生烃反应并提供外源氢,对腐殖型有机质过成熟阶段热解生气产生显著的促进作用,从而有效提高煤系烃源岩在过成熟阶段的生气能力。

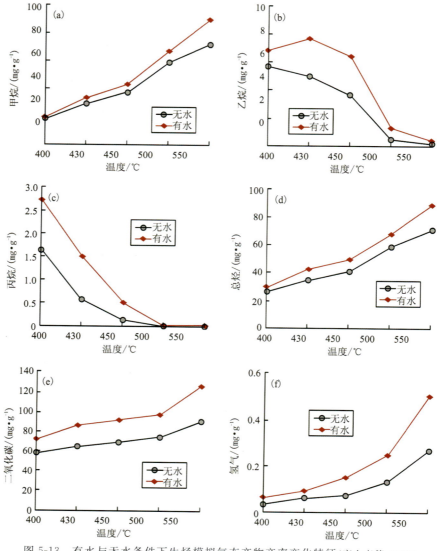

图 5-13 有水与无水条件下生烃模拟气态产物产率变化特征(高金亮等,2020)

二、碳、氢同位素特征

对模拟实验中烃类产物的碳、氢及 CO_2 碳同位素组成分析,得到以下结果。

(1) 甲烷的碳同位素值在有水和无水参与的反应中,均随着模拟实验温度的升高而增大[图 5-14(a)],反映甲烷碳同位素组成随烃源岩成熟度升高而不断变重。水的有无并未对甲烷碳同位素组成造成显著影响,二者的曲线在图中近乎重合[图 5-14(a)]。

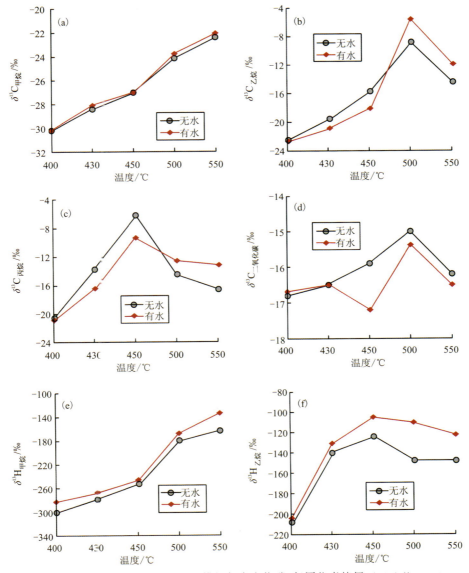

图 5-14 有水与无水条件下生烃模拟气态产物碳、氢同位素特征(高金亮等,2020)

(2) 乙烷和丙烷碳同位素值在高温阶段均发生了反转[图 5-14(b)、(c)],造成 500℃ 至 550℃ 高温段烃类气体碳同位素组成部分倒转($\delta^{13}C_1 < \delta^{13}C_2$,$\delta^{13}C_2 > \delta^{13}C_3$),与深层高—过

成熟煤成气特征一致(付金华等,2019b)。此外,相同温度条件下,有水实验组和无水实验组的乙烷和丙烷碳同位素,其组成差异未见明显规律性[图 5-14(b)、(c)]。表明腐殖型有机质高—过成熟阶段生成的烃类气体,地层水对其碳同位素组成无显著影响。而在中—高成熟阶段,也有研究发现(王晓锋等,2006;Wang et al.,2008),水对其碳同位素组成同样无明显影响,表明煤成气碳同位素组成主要受有机质组成及成熟度控制,不受水的影响。

(3)CO_2 的碳同位素随温度升高呈不规则变化[图 5-14(d)]。

(4)甲烷的氢同位素值在有水和无水实验组中均随着实验温度的升高而增大[图 5-14(e)],反映甲烷氢同位素组成随烃源岩成熟度升高而不断变重。乙烷的氢同位素值在有水和无水实验组中均呈现出随实验温度的升高先增大后减小的特征,并且乙烷氢同位素在 450℃ 时达到最大值[图 5-14(f)],表明有水和无水实验中均出现了乙烷的氢同位素组成反转。甲烷和乙烷的氢同位素值在有水参与的情况下,均略高于无水实验组[图 5-14(e)、(f)],表明富 ^2H 水的加入使腐殖型有机质在高—过成熟阶段生成的烃类气体的氢同位素组成变重。造成这种现象的原因是天然气形成过程中的氢同位素动力学分馏效应(Schimmelmann et al.,2006;Ni et al.,2011)。连接 ^1H 原子的 C—C 键相比于连接有 ^2H 原子的 C—C 键更易断裂,且随着连接 ^2H 原子数的增加,C—C 键断裂所需能量也逐渐增加,结果导致含有 ^2H 原子数少的烃基在有机质热解过程中更容易从有机质大分子中断裂释放。因此,随着热解反应的不断进行,气态烃的氢同位素组成逐渐变重,即气态烃氢同位素组成随着烃源岩成熟度的升高而逐渐变重。同时地层水也可能影响天然气氢同位素组成(高金亮等,2020),方式可能包括:水来源的氢原子直接与有机质热解产生的烃基结合而进入烃类气体;通过氢原子交换反应或自由基反应进入大分子有机质,再通过大分子有机质的裂解进入烃类气体(Schimmelmann et al.,1999;Schimmelmann et al.,2006;Reeves et al.,2012)。总结来说,高金亮等(2020)研究认为在沉积环境一定的条件下,高—过成熟煤成气氢同位素组成主要受烃源岩成熟度控制,但同时可能受到地层水的影响。

三、地质意义

水在烃源岩内普遍存在,多以束缚水的形式存在于无机、有机孔隙内,虽然其含量较低(常低于 3%)(Cheng et al.,2017,2018,2019),但其含氢量对有机质热解生烃反应来说依然十分可观。高金亮等(2020)的模拟实验表明,地层水的加入能够显著提高腐殖型有机质过成熟阶段的生气能力,对烃类气体产率促进量最大可达 13% 以上。因此,地层水的供氢作用可能能够大幅提高深层高—过成熟煤系烃源岩的生烃潜力,对于深层煤成气资源评价具有重要意义,为深层—超深层煤成气资源潜力预测研究提供了新的思路。由于自然地质条件极其复杂,生烃条件差异显著,模拟实验尚不能恢复其真实的地层条件,地质条件下水对于过成熟煤系烃源岩生烃量的具体贡献有待深入研究。

第六章

未熟—低熟油成油理论及研究进展

第六章 未熟—低熟油成油理论及研究进展

干酪根在成熟阶段生成石油和天然气,这点已被人们所熟知。但是近些年国内外一些未熟—低熟石油被发现,在世界各大洲均有分布,多达40余处。这些未熟—低熟石油主要产出于中生界和新生界,例如国内的渤海湾盆地,未熟—低熟原油主要分布在饶阳凹陷和晋县凹陷中,储集层主要为古近系。这些原油的发现和广泛存在,是对干酪根成油理论的一个挑战和补充,开辟了一个新的找油领域。未熟—低熟石油有其自身的特点,体现在成烃母质、演化特征、形成条件和成因机理及分布上。

第一节 烃源岩沉积环境

对湖相未熟—低熟烃源岩进行生烃转化模拟实验,样品分别来自盐湖和半咸水湖,结果显示二者在低温、低压条件下均可以生成未熟—低熟石油,不同之处在于形成原油的数量和温度条件。进一步的实验采用了溶剂抽提岩样、半咸水湖和盐湖的未成熟烃源岩原样对比实验,结果显示在未熟—低熟阶段,生烃以可溶有机质为主,对生烃的贡献分别为58%、76%和80%,说明沉积环境的盐度对可溶有机质的烃类转化有重要影响,随着盐度的增加可溶有机质烃类转化率也增加(秦建中等,2005)。

根据水的含盐量可以把湖泊分为五类:淡水湖泊、微咸水湖泊、半咸水湖泊、咸水湖泊和超咸水湖泊(表6-1)。沉积物成分(于兴河,2002)和岩石硼含量等常用微量元素(祝玉衡等,2000)也可以用于恢复古盐度,来确定古湖泊类型。

表6-1 古湖泊分类

分类	盐度/‰	含氯度/‰	硼含量/$\times 10^{-6}$	沉积物成分
淡水	<0.5	<0.3	<44	碎屑沉积物泥砂
微咸水	0.5~5	0.3~3		碎屑沉积物泥砂为主含有少量碳酸盐
半咸水	5~18	3~10	77	碎屑沉积物泥砂和碳酸盐为主
咸水	18~40	10~22	110	碳酸盐为主,含少量碎屑沉积物泥砂
超咸水	>40	>22		硫酸盐和氯化物为主

(1)淡水湖泊。盐度一般小于0.5‰,含氯度小于0.3‰,硼含量小于44×10^{-6},沉积物成分近乎全为碎屑沉积物泥砂。该沉积环境下形成的烃源岩在未成熟阶段一般难以形成未熟石油。

(2)微咸水湖泊。盐度变化范围为1‰~5‰,含氯度为0.3‰~3‰,沉积物成分以碎屑沉积物泥砂为主含有少量碳酸盐。此时形成的烃源岩在未成熟晚期—低成熟早期可以形成少量未熟—低熟石油。

(3)半咸水湖泊。盐度变化范围较大,从5‰到18‰,含氯度从3‰到10‰,硼含量为77×10^{-6},沉积物成分以碎屑沉积物泥砂和碳酸盐为主。此环境下的烃源岩在未成熟晚期—低成熟早期可以形成未熟—低熟石油。

(4)咸水湖泊。盐度变化范围大,在18‰~40‰之间,含氯度变化在10‰~22‰,硼含量约为$110×10^{-6}$,沉积物成分以碳酸盐为主以及少量碎屑沉积物泥砂。咸水湖泊中形成的烃源岩在未成熟阶段可以形成未熟石油。

(5)超咸水湖泊。盐度一般大于40‰,含氯度一般大于22‰,沉积物成分以硫酸盐和氯化物为主,相当于盐湖。这种环境一般难以形成好的烃源岩,但在未成熟阶段也可以形成未熟石油。

实际上,形成未熟—低熟石油烃源岩的主要沉积环境是半咸化湖泊相、咸化湖泊相和超咸化湖泊相(盐湖)。

一、半咸化湖泊相

我国一些中新生代半咸化大中型湖泊相烃源岩,其形成过程受到不同程度的海侵影响,并且海侵的次数不止一次,这些半咸化湖泊相烃源岩是在近海湖泊或是在海陆交互环境条件下形成的,并非典型的淡水湖泊沉积。

二、咸化—超咸化湖泊相

盐湖是一类以沉积蒸发盐矿物为主的湖泊,其盐类矿物以硫酸盐和氯化物为其主要特点。咸化—超咸化湖泊相具有干热、温暖的亚热带型古气候特征,干湿交替的变化规律较为明显,喜热耐旱的麻黄粉十分常见,遍布于干旱的盐碱平原和盐湖边缘,以眼子菜为代表的水生草本植物繁盛于湖滨、沼泽地区。在干旱气候下,湖水的蒸发量增大,而降雨量和四周地表径流以及地下水输入量小于湖水蒸发量时,湖水量缩减,盐度增大,达到某种盐类饱和度时便有某种盐类矿物析出。

盐湖发育的不同阶段可形成不同的矿物组合。在洪泛过程中,可形成微咸水至半咸水的湖泊沉积物,包括砂泥岩或页岩或劣质油页岩,发育有泥质烃源岩,在未成熟晚期—低成熟早期可以形成未熟—低熟石油;当蒸发作用加强,盐液不断浓缩,湖水达到咸水甚至超咸水,便可形成碳酸盐岩、含膏泥岩或含膏页岩及膏岩沉积物,它们在未成熟阶段是形成未熟石油的主要烃源岩;当蒸发作用继续加强,盐湖湖水接近被蒸干或湖水达到干涸状态,此时可形成硫酸盐或氯化物等干盐滩,它们一般被认为是很好的盖层(图6-1)。

第二节 生烃机理

一、概念及判别标志

未成熟油(immature crude oil)是一个相对于干酪根晚期成油理论中成熟油的概念,其烃源岩具有低的演化程度和不同于成熟油的有机地球化学特征。未熟—低熟石油相对应的烃源岩镜质体反射率为0.3%~0.70%,相当于干酪根生烃模式中的未成熟阶段晚期或低成熟阶段早期,国外文献上一般称之为"immature oils""less mature oil"或"early mature oil"。在我国,未熟石油、未熟—低熟石油及低熟石油,三者通常指的是同一类物质。

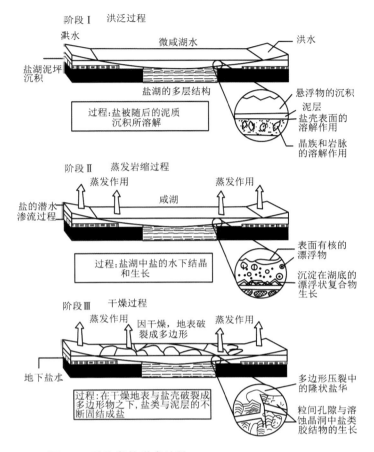

图 6-1 干盐湖的形成过程(Lowenstein and Hardie,1985)

一般认为,未熟—低熟石油是在成岩作用晚期,沉积物有机质在达到成烃门限之前形成的石油,其原油性质多为重质石油,轻质油少。未熟—低熟石油主要来自三部分:①可溶有机质;②早期生油的有机显微组分(如颗石藻等某些特殊藻类、特殊细菌类、树脂体、木栓质体等)或富硫干酪根的热降解;③干酪根在低成熟阶段的热降解。

未熟—低熟石油形成于特殊沉积环境下的烃源岩,判别指标也应随着地区和原油类型的不同而有所区别。"未熟—低熟石油"的一般判别指标为:①甾烷的 20S/(20S+20R)-C_{29} 一般小于 40%,$\beta\beta/\Sigma C_{29}$ 一般小于 35%(图 6-2);萜烷的 22S/22R-C_{31}(或 C_{32})约为 1.0;②原油密度、含硫量(图 6-3)和胶质+沥青质含量较高;③饱和烃色谱中植烷相对含量很高(图 6-4);④环烷烃和异构烷烃丰富(图 6-5)。

盐湖相"未熟石油"的判别指标是:①原油的密度高、含硫量高(图 6-3)、黏度高和非烃+沥青质含量高等"四高"特点;②正构烷烃偶数碳优势明显,环烷烃、异构烷烃含量高,甚至可掩盖正构烷烃的分布(图 6-5),植烷含量很高;③甾烷的异构化指标 20S/(20S+20R)-C_{29} 一般应小于 30%,$\beta\beta/\Sigma C_{29}$ 一般应小于 25%。如果当烃源岩中几乎全部为生物残留的可溶有机质时,甾烷的异构化程度将会很高。

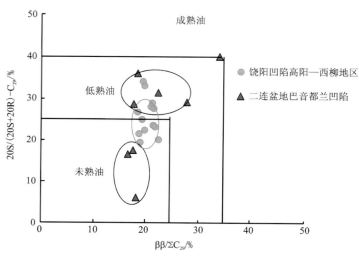

图 6-2　冀中坳陷及二连盆地未熟—低熟石油甾烷异构化参数关系图(秦建中等,2005)

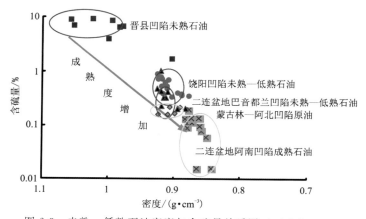

图 6-3　未熟—低熟石油密度与含硫量关系图(秦建中等,2005)

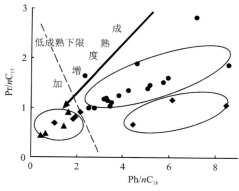

●饶阳凹陷未熟—低熟石油;◆二连盆地巴音都兰凹陷未熟—低熟石油;▲饶阳凹陷成熟石油

图 6-4　未熟—低熟石油 Pr/nC_{17} 与 Ph/nC_{18} 关系图(秦建中等,2005)

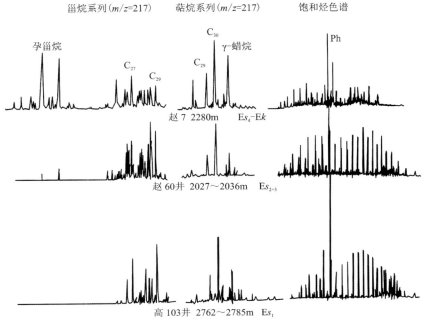

图 6-5　冀中坳陷典型未熟—低熟石油色谱、色质图（秦建中等，2005）

咸化—半咸化湖泊相烃源岩形成的未熟—低熟石油，相对于盐湖相，其族组成碳同位素和饱和烃单体烃碳同位素会随着源岩咸化程度的减弱而逐渐变轻，分馏的效应逐渐增大。

二、成烃机理

对于未熟—低熟油的形成机理，目前尚未形成统一的认识，不同的学者基于各自的实验和观察，提出了多种成因理论，归纳起来主要包括以下几种：树脂体、菌藻类组分和木栓质体等早期生烃，微生物改造有机质促进早期生烃，蜡和藻类类脂物、富硫有机大分子早期降解，游离有机质被催化等（王铁冠等，1995b）。此外火山活动对烃源岩演化及低熟油气的形成也有不可忽视的影响。

1. 树脂体早期成烃

树脂早期成烃，经多数研究证明，是低熟凝析油形成的最重要的途径之一。树脂体主要生源母质为高等植物树脂和蜡质，在裸子植物中以各种二萜酸类为主。树脂体热解成烃所需的活化能比干酪根低，这是由于其分子结构和聚合程度较低造成的，因此可以在早期发生低温化学反应生成烃类（Snowdon and Powell，1982）。此外，早期成岩作用形成树脂体的过程中，萜烯双键的还原作用使其 H/C 原子比增加，可达到 1.58，使得树脂体更加富氢，在低温条件下化学性更强，更有利于早期生烃。

2. 菌藻类组分早期生烃

藻类物质是未熟—低熟油重要的生烃来源。从全球地史的角度来看，石油与天然气最初形成在生物圈、水圈和岩石圈的多种作用过程中,形成石油和天然气的原始母质主要是广布于海洋和湖泊中的古代微生物。浮游藻类远大于底栖类型的生烃能力,具有多类显微组分的烃源岩有多期生烃的特性(刘文汇等,1999;蒋启贵等,2005)。浮游藻类等微生物是海洋和湖泊中的初级生产力,位于食物链的基部,故其生物资源量极为庞大,因此从数量的角度来说,它们是沉积岩中有机质的主要母质来源,因而对油气形成的贡献也最大(吴庆余等,1997)。

仔细研究低熟油中的成分,可以发现其中的甾烷来自浮游生物,而藿烷则主要来源于细菌,4-甲基甾烷一般来自甲藻类(Robinson et al.,1984),也存在细菌之中(Philp et al.,1991;段毅等,2006)。低熟油可见一些典型细菌标志物,如藿烷型三萜烷类及与之相关的四环萜烷(又称17,21-断藿烷)系列、补身烷系列、苯并藿烷系列和各种芳构化藿烷类等;C_{21+}长链类异戊二烯烷烃及其降解产物。三环萜烷系列与芳构化三环萜烷系列也属于菌藻类微生物生源范畴(Aquino,1983);C_{24}四环萜烷一般在陆源有机质中有较高含量(Hanson et al.,2000)。细菌成因的短链烷烃是形成板桥凝析油和原油轻烃的主要物质基础,而长链烷基萘系列其生源意义不明,其分布特点与细菌生源或细菌降解作用标志物密切相关,推测其前身物也可归于细菌生源范围(王铁冠等,1995b)。

3. 木栓质体早期生烃

木栓质体主要来自高等植物的木栓质组织,常见于陆源或混合来源的有机质中。木栓质体能够实现早期生烃,主要在于其前身物木栓脂,它具有低聚合度和多长链类脂物的特点,使得木栓质体可以在较低的热力学条件下发生化学反应,生成以链状结构为主的烃类(王铁冠等,1995a)。

4. 微生物改造有机质促进早期生烃

经过微生物改造的陆源有机质以及微生物本身也可以作为低熟油的重要成油母质。微生物改造作用体现在两个方面,一是可以降低烃源岩活化能,二是提高有机质腐泥化程度。在沉积成岩作用早期,富含高等植物的物源输入,为细菌大量繁衍提供了充足的碳源和能源,细菌的生命活动会导致沉积有机显微组分的降解,产生了丰富的矿物沥青基质,提高了腐泥化程度和生烃潜力,降低了有机质生烃活化能,使其早期生烃,生成低熟油气(王铁冠等,1995b;蒋启贵等,2005)。

5. 脂肪酸生烃

Bazhenova 和 Arefiev(1990)认为生成低熟油的有机质主要为硅藻,其主要特点为富含脂肪酸。从分子角度分析,未熟—低熟油的生油母质以有机酸为主,而脂肪酸及其衍生物是有机酸的主要成分。因此,脂肪酸生烃是未熟—低熟油生成的重要步骤之一(史继扬等,1995;王铁冠等,1995a;刘文汇等,1999)。

6. 矿物催化作用

未熟油通常埋深较浅,因此温度和压力不是其最主要的影响因素,反而矿物催化作用、地层中盐类及其 pH 值,对有机质生烃可能起到更为重要的作用(张在龙等,2000a)。

研究发现,在脂肪酸脱羧生烃反应中,起到催化作用的矿物包括:黏土矿物、碳酸盐矿物以及矿物中的某些离子(包括过渡金属离子)等。黏土矿物具有良好的吸附性能和较特殊的化学结构(Johns,1982),碳酸盐矿物对脂肪酸脱羧生烃具有很好的催化作用(张在龙等,1998),并且明显高于黏土矿物(张在龙等,2000b)。盐水浓度对脂肪酸催化脱羧生烃也有较大影响,据刘崇禧(1983)的研究,10%左右的盐水浓度催化效果最佳,推测此时碱金属离子和卤素等阴离子共同参与了催化反应(张在龙等,2000b),使得泥岩中的氨基酸游离出来,在较低温度下生成低分子烃(吴德云和张国防,1994)。

7. 火山活动对烃源岩演化的影响

本书第二章详细地介绍了火山作用对油气生成的影响,包括促进作用和破坏作用,这种影响也同样出现在未熟汩—低熟油生成阶段。据金强(1998)发现,裂谷盆地在生油门限之上,与火山岩或火山碎屑岩相邻的生油岩,氯仿沥青"A"/有机碳比值常常较高,高于10%,而远离火山岩的生油层却未见此现象,这表明火山活动促进了此类生油岩的有机质在较低的温度压力条件下向油气转化。

8. 源岩所处环境的影响

低熟油主要形成于强还原环境(傅家谟等,1985;江继纲等,1988)。总结国内泌阳凹陷、江汉盆地和柴达木盆地未熟—低熟油的发育规律,结果显示强还原沉积环境下的碳酸盐岩有利于有机质的早期转化,为未熟—低熟油的形成奠定了物质基础(侯读杰和王铁冠,1993)。朝长地区的低熟油,侯读杰等(1999)从中检测到 28,30-二降藿烷,结果显示藿烷的碳数分布从 C_{27} 到 C_{35},这指示了还原和极厌氧环境。对膏盐相未成熟沉积物的研究发现(傅家谟和盛国英,1992),升藿烷指数很高,$C_{35}(22S+22R)/C_{32}(22S+22R)$ 值常大于 1,甚至可高达 4.2,C_{35} 大于 C_{33} 即表明沉积环境的强还原性。未熟油样品中还可见高丰度 γ-蜡烷、高含量植烷、正构烷烃偶碳优势,这些指标均反映烃源岩沉积时有相当强的还原环境(王铁冠等,1990;李林强和林壬子,2004)。

9. 地幔流体促使未熟—低熟油气生成

当火山喷溢活动演化为深源喷流活动,在闭塞性断陷盆地常形成膏盐与烃源岩韵律互层,产出低、未熟半无机成因烃与非烃气。这点可在东濮、南襄、江汉等断陷盆地有所验证。这些盆地中的含膏盐烃源岩显示出非干酪根未熟—低熟早期成烃特征,包括高转化率、高非烃和高不稳定生物标记化合物以及低姥植比、低奇偶优势、低镜煤反射率的地化特征,这些特征指示深源喷流的高温无机气液对有机质的催化加氢成烃作用(熊寿生和卢培德,1996)。此外地幔流体对未熟—低熟油气生成的促进作用还体现在催化作用上。深部地幔流体含有的成分，包括气体成分（H_2、CH_4、CO、He 等）、卤族元素（F、Cl、Br 等）、碱金属（K、Na、Li 等）和铁族元素（V、Ni、Cr、Fe 等），可对有机质干酪根和黏土矿物起到催化作用，生成未熟、低熟或成熟油气（张景廉和于均民，2004）。

第三节　生烃模式

烃源岩存在丰富的可溶有机质，这是未熟石油形成的物质基础之一。可溶有机质在未成熟阶段大量形成的必要条件在于盐湖或咸化湖泊、强还原或硫酸盐环境。盐湖相沉积的未成熟烃源岩，其特点为有机碳含量不一定很高（大于0.3%即可），但可溶有机质沥青"A"和总烃含量通常很高，前者含量一般大于0.2%，后者一般大于$1000×10^{-6}$。

盐湖相或咸化湖相沉积时，沉积水体分层明显，表层水体含盐度高，含氧量高，浮游水生生物较发育；底层水体还原性强，厌氧菌发育，死后落入底层水体的浮游水生生物经厌氧细菌的作用，腐殖物质大部分被破坏，部分被腐泥化，仅有一些最稳定的烃类先驱物质——类脂烃类（可溶生物残留烃类）可以保存下来。这些生物残留烃类大量存在于成岩作用早期，使得有机质不能结合（缩合）成干酪根，多以游离状态存在，这就造成了咸化湖相或盐湖相烃源岩其有机碳含量一般很低，而可溶有机质含量却很高。

一、半咸化湖相烃源岩

半咸化湖相烃源岩形成的未熟—低熟石油主要发生在未成熟阶段晚期—低成熟阶段，相当于 R_o 为 0.4%～0.65%。这时期烃源岩中从早期继承下来的可溶有机质含量较高，沥青"A"含量一般超过 0.15%，总烃含量也不低于 $1000×10^{-6}$，沥青"A"/TOC 为 10%～30%，甚至更高，HC/TOC 为 5%～20%，可溶有机质明显增加，出现第一个生油次高峰。甾烷异构化指标[20S/(20S+20R)-C_{29}] 为 20%～40%，$ββ/ΣC_{29}$ 为 20%～30%；正构烷烃奇数碳或偶数碳优势明显，植烷峰很高，而 Pr/Ph 很低，通常小于 0.5，伊/蒙混层中蒙脱石含量为 30%～50%。这些特征表明半咸化湖相烃源岩形成的未熟—低熟石油主要来自三方面：从生物体中或成岩早期继承下来的含量较高的可溶有机质；早期生油的有机显微组分或富含硫干酪根；干酪根在低成熟阶段热降解。

基于半咸化湖相烃源岩在未成熟—低成熟阶段的生烃机制研究、热模实验和自然演化剖面，已建立起半咸化湖相烃源岩的成烃模式（图 6-6），可划分为 3 个阶段。

（1）未成熟早期阶段。埋深一般小于 2400m，烃源岩 R_o＜0.4%。本阶段烃源岩中的可溶有机质含量低，加上岩石的吸附作用，这些有机质难以生烃和排出烃源岩。沥青"A"/TOC 低于 10%，HC/TOC 小于 5%，伊/蒙混层中蒙脱石含量超过 50%，温度小于 95℃。

（2）未成熟晚期—低成熟早期。本阶段是未熟—低熟油的主要生成阶段。古埋深范围为 2400～3200m，烃源岩 R_o 为 0.4%～0.65%。本阶段出现第一个生油次高峰，这些原油主要来自早期继承下来的含量较高的可溶有机质、早期生油的有机显微组分（如颗石藻等某些特殊藻类、特殊细菌类、树脂体和木栓质体等）或富含硫干酪根的热降解以及干酪根早期热降解。

(3) 成熟阶段。本阶段出现生油高峰，为干酪根生成的正常成熟原油。埋深通常大于 3100m，烃源岩 $R_o>0.55\%$。

二、盐湖相烃源岩

盐湖相烃源岩形成的未熟石油主要来自可溶有机质，是浮游水生生物在超盐度和极强还原环境保存下来形成的。烃源岩中硫含量高，可显著降低开始生烃时的温度，使可溶有机质生烃始于 $R_o<0.3\%$，$T_{max}<415℃$。盐湖相烃源岩形成未熟石油与干酪根在成熟门限以下生烃是两个概念。前者在未成熟阶段晚期至低成熟阶段早期，主要依靠可溶有机质或生物残留烃形成未熟石油，而后者主要依靠干酪根热裂解形成正常石油。

通过盐湖相未成熟烃源岩热压模拟试验和实际地质演化剖面研究，可将盐湖相未熟石油的形成过程和成烃模式划分为以下几个阶段（图 6-6）。

图 6-6 未熟—低熟烃源岩成烃模式（秦建中等，2005）

(1) 沉积—成岩早期阶段。埋深一般小于 1500m 或更浅，$R_o<0.30\%$。本阶段在成烃模式中未能显示，仅仅是根据其他模式进行的推测。推测该时期含膏泥岩中有机物以浮游水生生物原生脂肪酸、醇或厌氧细菌作用残留下来的有机质等（相当于胶质、沥青质类）组成，它们在该时期呈分散状态，尚未大量富集，难以形成工业性油藏。

(2) 未熟油生成阶段。埋深范围一般为 1500~3100m，R_o 为 0.30%~0.65%。本阶段是未熟石油生成的主要时期。此时期含膏泥岩中的有机质多是由可溶的脂肪类等有机质组成的，可溶有机质沥青"A"的含量很高，沥青"A"/TOC 可以达到 50% 以上，HC/TOC 25% 以上。胶质＋沥青质含量很高，可以不断生成大量的游离烃类，这些烃类显示出明显的未熟油特征，例如，正烷烃偶数碳优势明显、OEP<0.80、Pr/Ph 比低、高 γ-蜡烷、低重排甾烷/甾烷比

值等。

(3)低成熟阶段。古埋深一般大于3100m,R_o通常大于0.65%。本阶段是低熟石油的生成阶段。该时期有少量的干酪根开始热降解生油,烃源岩中可溶有机质总含量明显降低,沥青"A"/TOC 从 30% 显著下降至 10%,HC/TOC 也从 20% 下降至 5%,形成一个低谷,随后开始进入干酪根热降解生油高峰阶段。

第四节　存在的问题

干酪根热降解晚期生烃学说目前依然占据主导地位,尽管未熟生烃给勘探工作和生油层评价带来积极作用,但同时也受到人们的诸多质疑。

陈安定(1998)在对王铁冠等(1995a)所著《低熟油气形成机理与分布》的评述中指出,书中存在一些与未熟油理论相抵触的现象:①不同深度成熟度却相同。②来自不同构造单元样品其成熟度呈现"平行变浅"分布。"平行变浅"一般针对的是同剖面或同一构造单元上的相邻井样品,不同构造单元所建立的关系线尽管变化斜率一致,呈现出相互平行的分布特点,但相同成熟点所对应的深度却差异很大。这一现象通常反映了埋藏史的差异和曾经发生的抬升未被后期埋藏所掩盖。③古埋深大于今埋深的情况。如果以恢复的最大古埋深来重新绘制产烃率曲线,"低温早熟"现象便可消除,相应的未熟生烃现象以及未熟石油也就不存在。这一问题主要源于对此类盆地的后期抬升幅度及其不均衡性估计不足产生的。

对未熟—低熟油的质疑还体现在对一些识别参数的解读上。例如,胆甾烷比值显示出未成熟或低成熟特征,一个可能的解释是成熟的石油在运移过程中被污染所致(Curiale,2002)。一些实验也进一步证实了上述论断,在正常原油中混入少量未熟—低熟油或未熟—低熟烃类都会在 C29 甾烷 ααα-20S/(S+R) 上显示出低熟的特征,未熟—低熟烃类的混入是导致原油甾烷异构化参数值大幅度降低和热稳定性低化合物检出的根本原因(王文军等,1999;李素梅等,2002)。

此外,未成熟油与干酪根热降解成烃理论之间存在的矛盾,也是其受质疑的重要原因。根据干酪根晚期热降解生烃理论,干酪根在早期成岩作用阶段基本不产生石油,在达到生烃门限之前,干酪根主要变化是脱除杂原子基团而产生 CO_2、H_2O 和 CH_4,因此未成熟石油的形成,无法从干酪根生烃学说中获得理论支持(黄第藩,1996)。未熟—低熟油气的形成尚需要新的成烃理论来提供更为精确和合理的解释。

总结来说,形成未熟—低熟石油烃源岩的主要沉积环境是半咸化湖泊相、咸化湖泊相和超咸化湖泊相(盐湖);可溶有机质或生物残留烃是形成未熟石油的主要来源;未熟—低熟油的形成机理,目前尚未形成统一的认识,有多种成因理论。未熟—低熟油生烃理论是对干酪根成油理论的一个挑战和补充,开辟了一个新的找油领域,但也受到诸多质疑,需要把未熟—低熟油作为一个独立的研究领域进行深入的、有针对性的研究,这对于提高油气勘探成功率,增加我国油气后备储量具有重要意义。

主要参考文献

曹珂,2013.中国陆相白垩系地层对比[J].地质论评,59(1):24-40.

陈安定,1998."未熟油"与"未熟生烃"异议[J].地质论评,44(5):470-477.

陈安定,2002.论鄂尔多斯盆地中部气田混合气的实质[J].石油勘探与开发,29(2):33-38.

陈建平,赵文智,秦勇,等,1998a.中国西北地区侏罗纪煤系油气形成(之一)[J].石油勘探与开发,25(3):1-5.

陈建平,赵文智,秦勇,等,1998b.中国西北地区侏罗纪煤系油气形成(之二)[J].石油勘探与开发,25(4):3-6.

陈建平,赵文智,秦勇,等,1998c.中国西北地区侏罗纪煤系油气形成(之三)[J].石油勘探与开发,25(5):3-7.

陈践发,张水昌,孙省利,等,2006.海相碳酸盐岩优质烃源岩发育的主要影响因素[J].地质学报,80(3):467-472.

陈荣书,何生,王青玲,等,1989.岩浆活动对有机质成熟作用的影响初探——以冀中葛渔城-文安地区为例[J].石油勘探与开发,16(1):29-37.

陈志鹏,2019.银额盆地哈日凹陷下白垩统湖相热水沉积岩特征及形成机理[D].西安:西北大学.

成海燕,2007.海相碳酸盐岩烃源岩的评价参数[J].海洋地质动态,23(12):14-18.

戴金星,1979.成煤作用中形成的天然气和石油[J].石油勘探与开发,6(3):10-17.

戴金星,2001.油气地质学的若干问题[J].地球科学进展,16(5):710-718.

戴金星,2018.煤成气及鉴别理论研究进展[J].科学通报,63(14):1291-1305.

戴金星,陈践发,钟宁宁,等,2003.中国大气田及其气源[M].北京:科学出版社.

戴金星,胡安平,杨春,等,2006.中国天然气勘探及其地学理论的主要新进展[J].天然气工业,26(12):1-5+191.

戴金星,李剑,罗霞,等,2005.鄂尔多斯盆地大气田的烷烃气碳同位素组成特征及其气源对比[J].石油学报,26(1):18-26.

戴金星,倪云燕,黄士鹏,等,2014.煤成气研究对中国天然气工业发展的重要意义[J].天然气地球科学,25(1):1-22.

戴金星,戚厚发,王少昌,等,2001.我国煤系的气油地球化学特征、煤成气藏形成条件及资源评价[M].北京:石油工业出版社.

戴霜,刘学,赵杰,等,2012.陆地沉积物对大洋缺氧事件的响应:六盘山群黑色页岩地球化学特征及其意义[J].地学前缘,19(4):255-259.

单玄龙,李吉焱,陈树民,等,2014.陆相水下火山喷发作用及其对优质烃源岩形成的影响:以松辽盆地徐家围子断陷营城组为例[J].中国科学:地球科学,44(12):2637-2644.

邓宏文,钱凯,1993.沉积地球化学与环境分析[M].兰州:甘肃科学技术出版社.

邓运华,2010.论河流与油气的共生关系[J].石油学报,31(1):12-17.

邓运华,杨永才,杨婷,2021.试论世界油气形成的三个体系[M].北京:科学出版社.

丁修建,柳广弟,黄志龙,等,2015.二连盆地赛汉塔拉凹陷烃源岩的分布及形成[J].中南大学学报,46(5):1739-1746.

董春梅,2006.基于河水位变化的层序地层模式——以济阳坳陷孤东油田为例[J].石油实验地质,28(3):249-252.

杜金虎,邹才能,徐春春,等,2014.川中古隆起龙王庙组特大型气田战略发现与理论技术创新[J].石油勘探与开发,41(3):268-277.

杜景霞,石文武,周贺,等,2014.渤海湾盆地南堡凹陷火山岩锆石年代学及形成模式[J].石油与天然气地质,35(5):742-748.

段毅,王传远,郑朝阳,等,2006.柴达木盆地西部尕斯库勒油田原油地球化学特征及成因[J].矿物岩石,26(1):86-91.

段毅,于文修,郑朝阳,等,2009.塔里木盆地塔河油田原油与源岩对比研究[J].沉积学报,27(1):164-171.

付金华,牛小兵,淡卫东,等,2019a.鄂尔多斯盆地中生界延长组长7段页岩油地质特征及勘探开发进展[J].中国石油勘探,24(5):601-614.

付金华,魏新善,罗顺社,等,2019b.庆阳深层煤成气大气田发现与地质认识[J].石油勘探与开发,46(6):1047-1061.

傅家谟,盛国英,1992.中国分子有机地球化学研究进展[J].沉积学报,10(3):25-39.

傅家谟,盛国英,江继纲,1985.膏盐沉积盆地形成的未成熟石油[J].石油与天然气地质,6(2):150-158.

高金亮,倪云燕,李伟,等,2020.煤系烃源岩高—过成熟阶段生气模拟实验及地质意义[J].石油勘探与开发,47(4):723-729.

高有峰,王璞珺,王成善,等,2008.松科1井南孔选址、岩心剖面特征与特殊岩性层的分布[J].地质学报,82(5):669-675.

宫色,李剑,张英,等,2002.煤的二次生烃机理探讨[J].石油实验地质,24(6):541-544+549.

顾忆,2000.塔里木盆地北部塔河油田油气藏成藏机制[J].石油实验地质,22(4):307-312.

顾忆,邵志兵,陈强路,等,2007.塔河油田油气运移与聚集规律[J].石油实验地质,29(3):224-230+237.

关德范,徐旭辉,李志明,等,2012.烃源岩生排烃理论研究与泥页岩油气[J].中外能源,17(5):40-52.

主要参考文献

关德范,徐旭辉,李志明,等,2014.烃源岩有限空间生烃理论与应用[M].北京:石油工业出版.

关德师,王兆云,秦勇,等,2003.二次生烃迟滞性定量评价方法及其在渤海湾盆地中的应用[J].沉积学报,21(3):533-538.

郭春清,2011.沾化凹陷孤北潜山中、古生界煤系烃源岩特征及其煤成气判识标志研究[D].成都:成都理工大学.

郝蜀民,李良,张威,等,2016.鄂尔多斯盆地北缘石炭系—二叠系大型气田形成条件[J].石油与天然气地质,37(2):149-154.

何登发,童晓光,温志新,等,2015.全球大油气田形成条件与分布规律[M].北京:科学出版社.

何瑞武,杜玉民,刘金,等,2005.惠民凹陷南坡石炭二叠系煤层二次生气模式[J].煤田地质与勘探,33(4):42-44.

何治亮,金晓辉,沃玉进,等,2016.中国海相超深层碳酸盐岩油气成藏特点及勘探领域[J].中国石油勘探,21(1):3-14.

贺聪,吉利明,苏奥,等,2017.鄂尔多斯盆地南部延长组热水沉积作用与烃源岩发育的关系[J].地学前缘,24(6):277-285.

亨特,1967.碳酸盐岩中石油的成因[M].北京:科学出版社.

侯读杰,冯子辉,黄清华,2003.松辽盆地白垩纪缺氧地质事件的地质地球化学特征[J].现代地质,17(3):311-317.

侯读杰,王铁冠,1993.中国陆相沉积中的低熟油气资源[J].石油勘探与开发,20(6):38-45.

侯读杰,王铁冠,孔庆云,等,1999.松辽盆地朝长地区原油的地球化学特征[J].石油大学学报(自然科学版),23(2):27-29+33.

胡春燕,刘立,1998.高频湖相沉积节律研究的新进展[J].世界地质,17(2):15-19.

胡广,曹剑,胡文瑄,等,2014.大洋缺氧事件及其等时陆相沉积与烃源岩发育[J].西南石油大学学报(自然科学版),36(5):1-15.

胡国艺,李谨,李志生,等,2010.煤成气轻烃组分和碳同位素分布特征与天然气勘探[J].石油学报,31(1):42-48.

胡建芳,彭平安,2017.有机地球化学研究新进展与展望[J].沉积学报,35(5):968-980.

胡利民,2010.大河控制性影响下的陆架海沉积有机质的"源—汇"作用——以渤、黄海为例[D].青岛:中国海洋大学.

胡文瑄,2016.盆地深部流体主要来源及判识标志研究[J].矿物岩石地球化学通报,35(5):817-826.

胡修棉,2015.东特提斯洋晚中生代—古近纪重大事件研究进展[J].自然杂志,37(2):93-102.

黄第藩,李晋超,等,1982.中国陆相油气生成[M].北京:石油工业出版社.

黄第藩,熊传武,杨俊杰,等,1996.鄂尔多斯盆地中部气田气源判识和天然气成因类型

[J].天然气工业,16(6):1-5+95.

黄第蕃,1996.成烃理论的发展——未熟油及有机质成烃演化模式[J].地球科学进展,11(4):327-335.

黄籍中,吕宗刚,2011.碳酸盐岩烃源岩判识与实践——以四川盆地为例[J].海相油气地质,16(3):8-14.

黄继文,顾忆,丁勇,等,2012.塔里木盆地北部地区上奥陶统烃源条件[J].石油与天然气地质,33(6):853-858+866.

黄清华,郑玉龙,杨明杰,等,1999.松辽盆地白垩纪古气候研究[J].微体古生物学报,16(1):99-107.

黄思静,张雪花,刘丽红,等,2009.碳酸盐成岩作用研究现状与前瞻[J].地学前缘,16(5):219-231.

黄杏珍,邵宏舜,闫存凤,等,2001.泌阳凹陷下第三系湖相白云岩形成条件[J].沉积学报,19(2):207-213.

吉利明,李剑锋,张明震,等,2021.鄂尔多斯盆地延长期湖泊热流体活动对烃源岩有机质丰度和类型的影响[J].地学前缘,28(1):388-401.

贾蓉芬,傅家谟,1983.分子有机地球化学在研究环境及成岩作用方面的某些新进展[J].地质地球化学(8):28-34.

贾蓉芬,傅家谟,徐世平,等,1987.抚顺煤树脂体成烃的初步实验研究——Ⅰ.烃的产率与性质[J].中国科学(B辑)(1):88-94.

贾智彬,侯读杰,孙德强,等,2018.热水沉积区黑色页岩稀土元素特征及其地质意义——以贵州中部和东部地区下寒武统牛蹄塘组页岩为例[J].天然气工业,38(5):44-51.

江继纲,傅家谟,盛国英,1988.膏岩沉积盆地形成的未成熟高硫原油地球化学特征[J].石油实验地质,10(4):328-343.

蒋启贵,王勤,承秋泉,等,2005.不同组分烃源岩生烃动力学特征浅析[J].石油实验地质,27(5):92-98+113.

蒋有录,查明,2006.石油天然气地质与勘探[M].北京:石油工业出版社.

焦鑫,柳益群,周鼎武,等,2021.湖相烃源岩中的火山—热液资源物质与油气生成耦合关系研究进展[J].古地理学报,23(4):789-809.

金强,1998.裂谷盆地生油层中火山岩及其矿物与有机质的相互作用——油气生成的催化和加氢作用研究进展及展望[J].地球科学进展,13(6):542-546.

金强,宋国奇,王力,2009.胜利油田石炭—二叠系煤成气生成模式[J].石油勘探与开发,36(3):358-364.

金强,王秀红,胡晓庆,等,2008.煤岩初次和二次生烃动力学及其对沾化凹陷孤北天然气成因的解释[J].地球化学,37(3):239-244.

金强,熊寿生,卢培德,1998.中国断陷盆地主要生油岩中的火山活动及其意义[J].地质论评,44(2):136-142.

金强,翟庆龙,2003.裂谷盆地的火山热液活动和油气生成[J].地质科学,38(3):342-349.

主要参考文献

金之钧,2005.中国海相碳酸盐岩层系油气勘探特殊性问题[J].地学前缘(3):15-22.

金之钧,2010.我国海相碳酸盐岩层系石油地质基本特征及含油气远景[J].前沿科学,4(1):11-23.

金之钧,2011.中国海相碳酸盐岩层系油气形成与富集规律[J].中国科学:地球科学,41(7):910-926.

康玉柱,2010.中国古生代海相油气资源潜力巨大[J].石油与天然气地质,31(6):699-706.

康玉柱,凌翔,2011.中国松辽—渤海湾盆地油气勘探老区资源潜力分析[J].天然气工业,31(12):7-10+123-124.

李大成,2005.国内外海相油气基本地质特征及下步研究建议[J].海相油气地质,10(1):13-17.

李登华,李建忠,黄金亮,等,2014.火山灰对页岩油气成藏的重要作用及其启示[J].天然气工业,34(5):56-65.

李光云,毛世权,陈凤来,等,2010.三塘湖盆地马朗凹陷卡拉岗组火山岩油藏主控因素及勘探方向[J].中国石油勘探,15(1):11-15+2.

李华,张兆斌,2006.热裂解链引发-终止反应的计算——C—H键的断裂—形成[J].石油化工,35(7):643-648.

李建忠,单玄龙,吴晓智,等,2015.火山作用的成烃与成藏效应[M].北京:科学出版社.

李剑,马卫,王义凤,等,2018.腐泥型烃源岩生排烃模拟实验与全过程生烃演化模式[J].石油勘探与开发,45(3):445-454.

李剑,王义凤,马卫,等,2015.深层—超深层古老烃源岩滞留烃及其裂解气资源评价[J].天然气工业,35(11):9-15

李林,2011.石炭—二叠系煤系烃源岩二次生烃模拟实验研究[D].青岛:中国石油大学(华东).

李林强,林壬子,2004.东濮凹陷邢庄地区原油地球化学特征[J].断块油气田,11(6):1-3.

李鹏,刘全有,毕赫,等,2021.火山活动与海侵影响下的典型湖相页岩有机质保存差异分析[J].地质学报,95(3):632-642.

李素梅,庞雄奇,金之钧,等,2002.济阳坳陷牛庄洼陷南斜坡原油成熟度浅析[J].地质地球化学,29(1):50-56.

李贤庆,侯读杰,胡国艺,等,2002.鄂尔多斯盆地中部地区下古生界碳酸盐岩生烃潜力探讨[J].矿物岩石地球化学通报,21(3):152-157.

李永新,王红军,王兆云,2010.影响烃源岩中分散液态烃滞留数量因素研究[J].石油实验地质,32(6):588-591.

李增学,魏久传,刘莹,2005.煤地质学[M].北京:地质出版社.

李政,2006.济阳坳陷石炭系—二叠系烃源岩的生烃演化[J].石油学报,27(4):29-35.

梁狄刚,秦建中,郭村芝,等,1988.冀中煤成烃凝析油的油源及煤岩的排烃问题[M].北京:科学出版社.

梁狄刚,张水昌,张宝民,等,2000.从塔里木盆地看中国海相生油问题[J].地学前缘,7(4):534-547.

梁宏斌,降栓奇,杨桂茹,等,2002.冀中坳陷北部天然气类型、成藏模式及成藏条件研究[J].中国石油勘探,7(1):17-33+5-6.

林会喜,彭苏萍,杜文风,等,2013.渤南洼陷沙四上亚段碳酸盐岩成藏条件与勘探潜力[J].石油与天然气地质,34(2):161-166.

刘宝泉,蔡冰,方杰,1990.上元古界下马岭组页岩干酪根的油气生成模拟实验[J].石油实验地质(2):147-161.

刘宝泉,贾蓉芬,1990.中上元古界生油岩中正、异构烷烃热演化的特征及热模拟实验[J].地球化学(3):242-248.

刘池洋,2008.沉积盆地动力学与盆地成藏(矿)系统[J].地球科学与环境学报,30(1):1-23.

刘崇禧,1983.我国中、新生代陆相盆地油田水文地球化学特征及与油气聚集的关系[J].石油勘探与开发(2):39-43+27.

刘传联,徐金鲤,2002.生油古湖泊生产力的估算方法及应用实例[J].沉积学报,20(1):144-150.

刘传联,徐金鲤,汪品先,2001.藻类勃发——湖相油源岩形成的一种重要机制[J].地质论评,47(2):207-210.

刘光鼎,杨长春,王清晨,2011.有利于海相烃源岩形成的物理作用[J].地质科学,46(1):1-4.

刘华,李凌,吴智平,2006.胶莱盆地烃源岩分布及有机地球化学特征[J].石油实验地质,28(6):574-580.

刘金萍,耿安松,卢家烂,等,2007.热成熟及水的作用对热解烃同位素组成的影响[J].石油实验地质,29(2):199-202.

刘洛夫,王伟华,李术元,1995.干酪根二次生烃热模拟实验研究[J].沉积学报,13(S1):147-150.

刘鹏,王晓锋,房嬛,等,2016.碳酸盐岩有机质丰度测试新方法[J].沉积学报,34(1):200-206.

刘全有,金之钧,高波,等,2012.四川盆地二叠系烃源岩类型与生烃潜力[J].石油与天然气地质,33(1):10-18.

刘全有,金之钧,刘文汇,等,2013.鄂尔多斯盆地海相层系中有机酸盐存在以及对低丰度高演化烃源岩生烃潜力评价的影响[J].中国科学:地球科学,43(12):1975-1983.

刘全有,李鹏,金之钧,等,2022.湖相泥页岩层系富有机质形成与烃类富集——以长7为例[J].中国科学:地球科学,52(2):270-290.

刘全有,朱东亚,孟庆强,等,2019.深部流体及有机-无机相互作用下油气形成的基本内涵[J].中国科学:地球科学,49(3):499-520.

刘文汇,2019.中国早古生代海相碳酸盐岩层系油气地质研究进展[J].矿物岩石地球化学通报,38(5):871-880.

刘文汇,黄第藩,熊传武,等,1999.成烃理论的发展及国外未熟—低熟油气的分布与研究现状[J].天然气地球科学,10(Z1):1-22.

刘文汇,腾格尔,王晓锋,等,2017.中国海相碳酸盐岩层系有机质生烃理论新解[J].石油勘探与开发,44(1):155-164.

刘文汇,王杰,腾格尔,等,2012.南方海相不同类型烃源生烃模拟气态烃碳同位素变化规律及成因判识指标[J].中国科学:地球科学,42(7):973-982.

刘文汇,王晓锋,蔡立国,等,2019.海相层系化石能源勘探地质基础发展思考[J].矿物岩石地球化学通报,38(5):881-884.

刘文汇,王晓锋,腾格尔,等,2013.中国近十年天然气示踪地球化学研究进展[J].矿物岩石地球化学通报,32(3):279-289.

刘文汇,张建勇,范明,等,2007.叠合盆地天然气的重要来源——分散可溶有机质[J].石油实验地质,29(1):1-6.

柳蓉,张坤,刘招君,等,2021.中国油页岩富集与地质事件研究[J].沉积学报,39(1):10-28.

柳益群,周鼎武,焦鑫,等,2019.深源物质参与湖相烃源岩生烃作用的初步研究——以准噶尔盆地吉木萨尔凹陷二叠系黑色岩系为例[J].古地理学报,21(6):983-998.

吕剑虹,缪九军,张欣国,等,2008.济阳—临清东部地区石炭—二叠系煤系烃源岩二次生烃研究[J].江苏地质,32(2):102-108.

马安来,张水昌,张大江,等,2004.轮南、塔河油田稠油油源对比[J].石油与天然气地质,25(1):31-38.

倪春华,2009.碳酸盐岩二次生烃研究综述[J].海相油气地质,14(3):68-72.

倪春华,包建平,周小进,等,2015.渤海湾盆地东濮凹陷胡古2井天然气地球化学特征与成因[J].石油实验地质,37(6):764-769+775.

倪春华,周小进,王果寿,等,2009.海相烃源岩有机质丰度的影响因素[J].海相油气地质,14(2):20-23.

倪春华,周小进,王果寿,等,2011.鄂尔多斯盆地南缘平凉组烃源岩沉积环境与地球化学特征[J].石油与天然气地质,32(1):38-46.

秦建中等,2005.中国烃源岩[M].北京:科学出版社.

秦勇,张有生,朱炎铭,等,2000.煤中有机质二次生烃迟滞性及其反应动力学机制[J].地球科学,25(3):278-282.

邱欣卫,2008.鄂尔多斯盆地延长组凝灰岩夹层特征和形成环境[D].西安:西北大学.

邱振,邹才能,2020.非常规油气沉积学:内涵与展望[J].沉积学报,38(1):1-29.

冉启贵,1995.华北地区上古生界煤岩成烃及二次成烃研究[J].天然气地球科学,6(3):13-17.

史继扬,向明菊,屈定创,等,1995.氨基酸、脂肪酸对过渡带气、低熟原油形成的意义[J].沉积学报,13(2):33-43.

史训知,戴金星,王则民,等,1985.联邦德国煤成气的甲烷碳同位素研究和对我们的启示[J].天然气工业,5(2):1-9+5.

宋芊,金之钧,2000.大油气田统计特征[J].石油大学学报(自然科学版),24(4):11-14+20.

孙丽娜,张明峰,吴陈君,等,2015.水对不同生烃模拟实验系统产物的影响[J].天然气地球科学,26(3):524-532.

孙敏卓,2009.海相碳酸盐岩中有机酸盐赋存和成烃机理研究——以塔里木盆地为例[D].兰州:中国科学院地质与地球物理研究所兰州油气资源研究中心.

孙敏卓,孟仟祥,郑建京,等,2013.塔里木盆地海相碳酸盐岩中有机酸盐的分析[J].中南大学学报:自然科学版,44(1):216-222.

孙平昌,2013.松辽盆地东南部上白垩统含油页岩系有机质富集环境动力学[D].长春:吉林大学.

孙永革,杨中威,Cramer B,2013.煤系有机质多阶段成气的分子碳同位素表征及其对高过成熟干酪根生气潜力评价的启示[J].地球化学,42(2):97-102.

孙钰,钟建华,袁向春,等,2008.国内湖相碳酸盐岩研究的回顾与展望[J].特种油气藏,15(5):1-6+106.

腾格尔,刘文汇,徐永昌,等,2004.缺氧环境及地球化学判识标志的探讨——以鄂尔多斯盆地为例[J].沉积学报,22(2):365-372.

田春桃,马素萍,杨燕,等,2014.湖相与海相碳酸盐岩烃源岩生烃条件对比[J].石油与天然气地质,35(3):336-341.

田巍,王传尚,白云山,等,2019.湘中涟源凹陷上泥盆统佘田桥组页岩地球化学特征及有机质富集机理[J].地球科学,44(11):3794-3811.

王秉海,钱凯,1992.胜利油区地质研究与勘探实践[M].东营:中国石油大学出版社.

王冠民,钟建华,2004.湖泊纹层的沉积机理研究评述与展望[J].岩石矿物学杂志,23(1):43-48.

王惠君,赵桂萍,李良,等,2020.基于卷积神经网络(CNN)的泥质烃源岩TOC预测模型——以鄂尔多斯盆地杭锦旗地区为例[J].中国科学院大学学报,37(1):103-112.

王建强,刘池洋,李行,等,2017.鄂尔多斯盆地南部延长组长7段凝灰岩形成时代、物质来源及其意义[J].沉积学报,35(4):691-704.

王杰,陈践发,2004.海相碳酸盐岩烃源岩的研究进展[J].天然气工业,24(8):21-23+126.

王力,2008.济阳和临清坳陷深层天然气成因鉴别与生成模式研究[D].青岛:中国石油大学(华东).

王启军,陈建渝,1988.油气地球化学[M].武汉:中国地质大学出版社.

王书荣,宋到福,何登发,2013.三塘湖盆地火山灰对沉积有机质的富集效应及凝灰质烃源岩发育模式[J].石油学报,34(6):1077-1087.

王铁冠,戴世峰,李美俊,等,2010.塔里木盆地台盆区地层有机质热史及其对区域地质演化研究的启迪[J].中国科学:地球科学,40(10):1331-1341.

王铁冠,钟宁宁,侯读杰,等,1995a.低熟油气形成机理与分布[M].北京:石油工业出版社.

王铁冠,钟宁宁,侯读杰,等,1995b.细菌在板桥凹陷生烃机制中的作用[J].中国科学(B辑),25(8):882-889+898.

王铁冠等,1990.生物标志物地球化学研究[M].武汉:中国地质大学出版社.

王铜山,耿安松,李霞,等,2010.海相原油沥青质作为特殊气源的生气特征及其地质应用[J].沉积学报,28(4):808-814.

王文军,宋宁,姜乃煌,等,1999.未熟油与成熟油的混源实验、混源理论图版及其应用[J].石油勘探与开发,26(4):34-37.

王晓锋,刘文汇,徐永昌,等,2006.水在有机质形成气态烃演化中作用的热模拟实验研究[J].自然科学进展,16(10):1275-1281.

王晓锋,刘文汇,徐永昌,等,2012.水介质对气态烃形成演化过程氢同位素组成的影响[J].中国科学:地球科学,42(1):103-110.

王永诗,张守春,朱日房,2013.烃源岩生烃耗水机制与油气成藏[J].石油勘探与开发,40(2):242-249.

王云鹏,赵长毅,王兆云,等,2007.海相不同母质来源天然气的鉴别[J].中国科学(D辑:地球科学),37(S2):125-140.

魏国齐,杜金虎,徐春春,等,2015.四川盆地高石梯—磨溪地区震旦系—寒武系大型气藏特征与聚集模式[J].石油学报,36(1):1-14.

魏国齐,谢增业,李剑,等,2017."十二五"中国天然气地质理论研究新进展[J].天然气工业,37(8):1-13.

吴德云,张国防,1994.盐湖相有机质成烃模拟实验研究[J].地球化学,23(S1):173-181.

吴林钢,李秀生,郭小汶,等,2012.马朗凹陷芦草沟组页岩油储层成岩演化与溶蚀孔隙形成机制[J].中国石油大学学报(自然科学版),36(3):38-43+53.

吴庆余,宋一涛,盛国英,等,1997.微生物成烃的分子有机地球化学研究[J].中国科学基金(2):97-103.

夏青松,田景春,倪新锋,2003.湖相碳酸盐岩研究现状及意义[J].沉积与特提斯地质,23(1):105-112.

肖芝华,胡国艺,钟宁宁,等,2009.塔里木盆地煤系烃源岩产气率变化特征[J].西南石油大学学报(自然科学版),31(1):9-13+182.

谢增业,李志生,魏国齐,等,2016.腐泥型干酪根热降解成气潜力及裂解气判识的实验研究[J].天然气地球科学,27(6):1057-1066.

熊寿生,卢培德,1996.火山喷溢-喷流活动与半无机成因天然气的形成和类型[J].石油实验地质,18(1):14-35.

徐进军,金强,程付启,等,2017.渤海湾盆地石炭系—二叠系煤系烃源岩二次生烃研究进展与关键问题[J].油气地质与采收率,24(1):43-49.

徐永昌,1999.天然气地球化学研究及有关问题探讨[J].天然气地球科学,10(Z2):20-28.

许化政,周新科,2004.文留地区石炭-二叠纪煤系生烃史及生烃潜力[J].石油与天然气地质,25(4):400-407+421.

许晓明,刘震,谢启超,等,2006.渤海湾盆地济阳坳陷异常高压特征分析[J].石油实验地质,28(4):345-349.

杨华,牛小兵,徐黎明,等,2016.鄂尔多斯盆地三叠系长7段页岩油勘探潜力[J].石油勘探与开发,43(4):511-520.

杨华,张文正,2005.论鄂尔多斯盆地长7段优质油源岩在低渗透油气成藏富集中的主导作用:地质地球化学特征[J].地球化学,34(2):147-154.

杨起,1987.煤地质学进展[M].北京:科学出版社.

杨仁超,田源,2020.天文周期与异重流沉积前沿科学问题探讨[J].非常规油气,7(5):1-7.

杨威,魏国齐,王清华,等,2004.塔里木盆地寒武系两类优质烃源岩及其形成的含油气系统[J].石油与天然气地质,25(3):263-267.

英亚歌,2010.浅谈海相碳酸盐岩地层与油气成藏[J].科技情报开发与经济,20(10):154-156.

于岚,2006.临清坳陷东部石炭—二叠系煤系烃源岩特征及生烃史[J].新疆石油天然气,2(3):16-21+35+101-102.

于兴河,2002.碎屑岩系油气储层沉积学[M].北京:石油工业出版社.

袁选俊,林森虎,刘群,等,2015.湖盆细粒沉积特征与富有机质页岩分布模式——以鄂尔多斯盆地延长组长7油层组为例[J].石油勘探与开发,42(1):34-43.

张海峰,2006.以米氏旋回为标尺进行高级别层序地层划分与对比——以准噶尔盆地中Ⅰ区块为例[J].油气地质与采收率,13(4):18-20+106.

张家利,腾格尔,2013.下古生界生烃理论研究进展及面临的挑战[J].科技资讯(14):120-121.

张景廉,于均民,2004.论中地壳及其地质意义[J].新疆石油地质,25(1):90-94.

张林晔,2008.湖相烃源岩研究进展[J].石油实验地质,30(6):591-595.

张水昌,胡国艺,米敬奎,等,2013.三种成因天然气生成时限与生成量及其对深部油气资源预测的影响[J].石油学报,34(S1):41-50.

张水昌,张保民,王飞宇,等,2001.塔里木盆地两套海相有效烃源层——Ⅰ.有机质性质、发育环境及控制因素[J].自然科学进展,11(3):39-46.

张文正,刘桂霞,陈安定,等,1987.低阶煤岩显微组分的成烃模拟实验[M].北京:石油工业出版社.

张文正,杨华,彭平安,等,2009.晚三叠世火山活动对鄂尔多斯盆地长7优质烃源岩发育的影响[J].地球化学,38(6):573-582.

张有生,秦勇,刘焕杰,等,2002.沉积有机质二次生烃热模拟实验研究[J].地球化学,31(3):273-282.

张元,吴晋沪,张东柯,2008.乙烷在煤焦及石英砂床层上的裂解实验[J].石油化工,37(8):770-775.

张在龙,劳永新,王培建,2000a.盐水对未熟生油岩中脂肪酸催化脱羧生烃的影响[J].石油大学学报(自然科学版),24(6):57-59+4.

张在龙,孙燕华,劳永新,等,1998.未熟生油岩中含铁矿物对脂肪酸低温催化脱羧生烃的作用[J].科学通报,43(24):2649-2653.

张在龙,王广利,劳永新,等,2000b.未熟烃源岩中矿物低温催化脂肪酸脱羧生烃动力学模拟实验研究[J].地球化学,29(4):322-326.

张振才,史习慧,刘宝泉,等,1987.冀中石炭—二叠系煤岩特征及生油气潜力[M].北京:石油工业出版社.

赵孟军,肖中尧,彭燕,等,1998.煤系泥岩和煤岩生成原油的地球化学特征[J].石油勘探与开发,25(5):8-10.

赵文智,何登发,宋岩,等,1999.中国陆上主要含油气盆地石油地质基本特征[J].地质论评,45(3):232-240.

赵文智,胡素云,刘伟 等,2014.再论中国陆上深层海相碳酸盐岩油气地质特征与勘探前景[J].天然气工业,34(4):1-9.

赵文智,王兆云,王东良,等,2015.分散液态烃的成藏地位与意义[J].石油勘探与开发,42(4):401-413.

赵文智,王兆云,王红军,等,2011.再论有机质"接力成气"的内涵与意义[J].石油勘探与开发,38(2):129-135.

赵文智,王兆云,张水昌,等,2005.有机质"接力成气"模式的提出及其在勘探中的意义[J].石油勘探与开发,32(2):1-7.

赵文智等,2019.中国天然气地质与开发基础理论研究[M].北京:科学出版社.

赵贤正,柳广弟,金凤鸣,等,2015.小型断陷湖盆有效烃源岩分布特征与分布模式——以二连盆地下白垩统为例[J].石油学报,36(6):641-652.

赵岩,刘池阳,2016.火山活动对烃源岩形成与演化的影响[J].地质科技情报,35(6):77-82.

赵一阳,鄢明才,1994.中国浅海沉积物地球化学[M].北京:科学出版社.

郑礼全,李贤庆,钟宁宁,2001.华北地区上古生界煤系有机质热演化与二次生烃探讨[J].中国煤田地质,13(4):16-19.

郑伦举,秦建中,张渠,等,2008.中国海相不同类型原油与沥青生气潜力研究[J].地质学报,82(3):360-365.

周世新,夏燕青,罗斌杰,等,1997.脂肪酸盐生烃热模拟研究及其意义[J].沉积学报,15(2):118-121.

朱传庆,田云涛,徐明,等,2010.峨眉山超级地幔柱对四川盆地烃源岩热演化的影响[J].地球物理学报,53(1):119-127.

朱光有,金强,2003.东营凹陷两套优质烃源岩层地质地球化学特征研究[J].沉积学报,21(3):506-512.

朱伟林,李江海,崔旱云,等,2014.全球构造演化与含油气盆地(代总论)[M].北京:科学出版社.

朱炎铭,秦勇,范炳恒,等,2001.黄骅坳陷歧古1井古生界烃源岩的二次生烃演化[J].地质学报,75(3):426-431.

祝玉衡,张文朝,王洪生,2000.二连盆地下白垩统沉积相及含油性[M].北京:科学出版社.

邹才能,杜金虎,徐春春,等,2014.四川盆地震旦系—寒武系特大型气田形成分布、资源潜力及勘探发现[J].石油勘探与开发,41(3):278-293.

邹才能,杨智,黄士鹏,等,2019.煤系天然气的资源类型、形成分布与发展前景[J].石油勘探与开发,46(3):433-442.

邹艳荣,彭平安,宋之光,等,2008.白垩纪缺氧事件期间分子有机碳同位素偏移的二种不同机制[J].地质学报,82(1):31-36.

HUNT J,1986.石油地球化学和地质学.胡伯良译[M].北京:石油工业出版社.

KELTS K,1991.湖相烃源岩的沉积环境:绪论[M].北京:海洋出版社.

TALBOT M R,1991.湖相生油岩的成因:来自热带非洲湖泊的资料[M].北京:海洋出版社.

ABANDA P A,HANNIGAN R E,2006. Effect of diagenesis on trace element partitioning in shales[J]. Chemical Geology,230(1-2):42-59.

ABBOT D H,ISLEY A E,2002. The intensity, occurrence, and duration of superplume events and eras over geological time[J]. Journal of Geodynamics,34(2):265-307.

ALSHARHAN A,2003. Petroleum geology and potential hydrocarbon plays in the Gulf of Suez rift basin, Egypt[J]. AAPG Bulletin,87(1):143-180.

ANDERSON R Y,DEAN W E,1988. Lacustrine varve formation through time[J]. Palaeogeography, Palaeoclimatology, Palaeoecology,62(1-4):215-235.

AQUINO N F,1983. Occurrence and formation of tricyclic and tetracyclic terpanes in sediments and petroleum[M]. Chichester:John Wiley.

ARAUJO L,TRIGUIS J,CERQUEIRA J,et al.,2000. The Atypical Permian Petroleum System of the Paraná Basin, Brazil[M]. Tulsa:American Association of Petroleum Geologists.

BALLY A W,SNELSON S,1980. Realms of subsidence[M]. Calgary:Canadian Society of Petroleum Geologists.

BAZHENOVA O,AREFIEV O,1990. Immature oils as the products of early catagenetic transformation of bacterial-algal organic matter[J]. Organic Geochemistry,16(1-3):307-311.

BEERLING D J,LOMAS M,GRÖCKE D R,2002. On the nature of methane gas-hydrate dissociation during the Toarcian and Aptian oceanic anoxic events[J]. American Journal of Science,302(1):28-49.

BEHAR F,KRESSMANN S,RUDKIEWICZ J,et al.,1992. Experimental simulation in a confined system and kinetic modelling of kerogen and oil cracking[J]. Organic

Geochemistry,19(1-3):175-189.

BEHAR F,LEWAN M,LORANT F,et al.,2003. Comparison of artificial maturation of lignite in hydrous and nonhydrous conditions[J]. Organic Geochemistry,34(4):575-600.

BELAID A,KROOSS B M,LITTKE R,2010. Thermal history and source rock characterization of a Paleozoic section in the Awbari Trough,Murzuq Basin,SW Libya[J]. Marine Petroleum Geology,27(3):612-632.

BOND D,WIGNALL P B,2005. Evidence for late Devonian (Kellwasser) anoxic events in the Great Basin,western United States[J]. Amsterdam(20):225-262.

BOUCOT A,GRAY J,2001. A critique of Phanerozoic climatic models involving changes in the CO_2 content of the atmosphere[J]. Earth-Science Reviews,56(1-4):1-159.

BOWKER K A,2003. Recent developments of the Barnett Shale play,Fort Worth Basin [J]. West Texas Geological Society Bulletin,42(6):4-11.

BREYER J,2012. Shale Reservoirs:Giant Resources for the 21st Century[M]. Tulsa: American Association of Petroleum Geologists.

BROOKS J,SMITH J,1967. The diagenesis of plant lipids during the formation of coal, petroleum and natural gas—I. Changes in the n-paraffin hydrocarbons[J]. Geochimica et Cosmochimica Acta,31(12):2389-2397.

BROOKS J,SMITH J,1969. The diagenesis of plant lipids during the formation of coal, petroleum and natural gas—II. Coalification and the formation of oil and gas in the Gippsland Basin[J]. Geochimica et Cosmochimica Acta,33(10):1183-1194.

CAROTHERS W W,KHARAKA Y K,1978. Aliphatic acid anions in oil-field waters—implications for origin of natural gas[J]. AAPG Bulletin,62(12):2441-2453.

CHARBONNIER G,FOLLMI K B,2017. Mercury enrichments in lower Aptian sediments support the link between Ontong Java large igneous province activity and oceanic anoxic episode 1a[J]. Geology,45(1):63-66.

CHEN J,GE H,CHEN X,et al.,2008. Classification and origin of natural gases from Lishui Sag,the East China Sea Basin[J]. Science in China Series D:Earth Sciences(51):122-130.

CHENG P,TIAN H,XIAO X,et al.,2017. Water distribution in overmature organic-rich shales:implications from water adsorption experiments[J]. Energy Fuels,31(12):13120-13132.

CHENG P,XIAO X,TIAN H,et al.,2018. Water content and equilibrium saturation and their influencing factors of the lower Paleozoic overmature organic-rich shales in the Upper Yangtze Region of Southern China[J]. Energy,32(11):11452-11466.

CHENG P,XIAO X,WANG X,et al.,2019. Evolution of water content in organic-rich shales with increasing maturity and its controlling factors:Implications from a pyrolysis experiment on a water-saturated shale core sample[J]. Marine Petroleum Geology(109):291-

303.

CIOTOLI G,ETIOPE G,FLORINDO F,et al. ,2013. Sudden deep gas eruption nearby Rome's airport of Fiumicino[J]. Geophysical Research Letters,40(21):5632-5636.

CLAUSER C,2009. Heat transport processes in the Earth's crust[J]. Surveys in Geophysics,30(3):163-191.

CONDIE K C,2004. Supercontinents and superplume events: distinguishing signals in the geologic record[J]. Physics of the Earth and Planetary Interiors,146(1-2):319-332.

COOPER J R,CRELLING J C,RIMMER S M,et al. ,2007. Coal metamorphism by igneous intrusion in the Raton Basin,CO and NM: implications for generation of volatiles [J]. International Journal of Coal Geology,71(1):15-27.

COOPER M,2007. Structural style and hydrocarbon prospectivity in fold and thrust belts: a global review[M]. London:Geological Society Special Publications.

CORBETT B F,MORRISON J A,2012. The allelopathic potentials of the non-native invasive plant Microstegium vimineum and the native Ageratina altissima: two dominant species of the eastern forest herb layer[J]. Northeastern Naturalist,19(2):297-312.

CRUMP B C,AMARAL-ZETTLER L A,KLING G W,2012. Microbial diversity in arctic freshwaters is structured by inoculation of microbes from soils[J]. The ISME Journal, 6(9):1629-1639.

CRUSIUS J,CALVERT S,PEDERSEN T,et al. ,1996. Rhenium and molybdenum enrichments in sediments as indicators of oxic,suboxic and sulfidic conditions of deposition [J]. Earth Planetary Science Letters,145(1-4):65-78.

CURIALE J,2002. A review of the occurrences and causes of migration-contamination in crude oil[J]. Organic Geochemistry,33(12):1389-1400.

DAI J,QI H,1982. Gas pores in coal measures and their significance in gas exploration [J]. Chinese Science Bulletin,27(12):1314-1318.

DENG Y,2016. River-delta systems: a significant deposition location of global coal-measure source rocks[J]. Journal of Earth Science,27(4):631-641.

DIECKMANN V,ONDRAK R,CRAMER B,et al. ,2006. Deep basin gas:New insights from kinetic modelling and isotopic fractionation in deep-formed gas precursors[J]. Marine Petroleum Geology,23(2):183-199.

DOW W G,1977. Kerogen studies and geological interpretations[J]. Journal of Geochemical Exploration(7):79-99.

DUGGEN S,CROOT P,SCHACHT U,2007. Subduction zone volcanic ash can fertilize the surface ocean and stimulate phytoplankton growth: Evidence from biogeochemical experiments and satellite data[J]. Geophysical Research Letters,34(1):95-119.

D'ANDREA W J,THEROUX S,BRADLEY R S,et al. ,2016. Does phylogeny control U37K-temperature sensitivity? Implications for lacustrine alkenone paleothermometry[J].

Geochimica et Cosmochimica Acta(175):168-180.

ERBACHER J, GEETH W, SCHMIEDL G, et al., 1998. Benthic foraminiferal assemblages of late Aptian-early Albian black shale intervals in the Vocontian Basin, SE France[J]. Cretaceous Research, 19(6):805-826.

ERDMANN M, HORSFIELD B, 2006. Enhanced late gas generation potential of petroleum source rocks via recombination reactions: Evidence from the Norwegian North Sea[J]. Geochimica et Cosmochimica Acta, 70(15):3943-3956.

FINKELMAN R B, BOSTICK N H, DULONG F T, et al., 1998. Influence of an igneous intrusion on the inorganic geochemistry of a bituminous coal from Pitkin County, Colorado[J]. International Journal of Coal Geology, 36(3-4):223-241.

FISK M R, GIOVANNONI S J, THORSETH I H, 1998. Alteration of oceanic volcanic glass: textural evidence of microbial activity[J]. Science, 281(5379):978-980.

FRAKES L, BOLTON B R, 1992. Effects of ocean chemistry, sea level, and climate on the formation of primary sedimentary manganese ore deposits[J]. Economic Geology, 87(5):1207-1217.

FUHRMAN J A, AZAM F, 1980. Bacterioplankton secondary production estimates for coastal waters of British Columbia, Antarctica, and California[J]. Applied and Environmental Microbiology, 39(6):1085-1095.

GALUSHKIN Y I, 1997. Thermal effects of igneous intrusions on maturity of organic matter: A possible mechanism of intrusion[J]. Organic Geochemistry, 26(11-12):645-658.

GALUSHKIN Y I, SAK M, 2014. Generation of hydrocarbons in the burial history of Silurian formations in the Libyan part of the Ghadames Basin[J]. Geochemistry International, 52(10):857-867.

GAO J, LIU J, NI Y, 2018. Gas generation and its isotope composition during coal pyrolysis: The catalytic effect of nickel and magnetite[J]. Fuel(222):74-82.

GAO P, HE Z, LI S, et al., 2018. Volcanic and hydrothermal activities recorded in phosphate nodules from the Lower Cambrian Niutitang Formation black shales in South China[J]. Palaeogeography, Palaeoclimatology, Palaeoecology(505):381-397.

GRADSTEIN F, OGG J, SMITH A, et al., 2004. A new geological time scale, with special reference to precambrian and neogene[J]. Episodes, 27(2):83-100.

GREVENITZ P, CARR P, HUTTON A, 2003. Origin, alteration and geochemical correlation of Late Permian airfall tuffs in coal measures, Sydney Basin, Australia[J]. International Journal of Coal Geology, 55(1):27-46.

GRUNAU H R, 1983. Abundance of source rocks for oil and gas worldwide[J]. Journal of Petroleum Geology, 6(1):39-53.

HAALAND H J, FURNES H, MARTINSEN O J, 2000. Paleogene tuffaceous intervals, Grane Field (Block 25-11), Norwegian North Sea: their depositional, petrographical, geochemical character and regional implications[J]. Marine Petroleum Geology,17(1):101-118.

HALBACH M,KOSCHINSKY A,HALBACH P,2001. Report on the discovery of Gallionella ferruginea from an active hydrothermal field in the deep sea[J]. InterRidge News,10(1):18-20.

HANSON A,ZHANG S,MOLDOWAN J,et al.,2000. Molecular organic geochemistry of the Tarim Basin,northwest China[J]. AAPG Bulletin,84(8):1109-1128.

HATCH J,LEVENTHAL J,1992. Relationship between inferred redox potential of the depositional environment and geochemistry of the Upper Pennsylvanian (Missourian) Stark Shale Member of the Dennis Limestone, Wabaunsee County, Kansas, USA[J]. Chemical Geology,99(1-3):65-82.

HAYWARD J M,2012. Zircon geochronology of ash beds in the Marcellus Shale of the Appalachian basin[D]. Morgantown:West Virginia University:96.

HOBBIE J E,DALEY R J,JASPER S,1977. Use of nuclepore filters for counting bacteria by fluorescence microscopy[J]. Applied and Environmental Microbiology,33(5):1225-1228.

HOWARTH R W,TEAL J M,1979. Sulfate reduction in a New England salt marsh[J]. Limnology Oceanography,24(6):999-1013.

HUNT J M,1990. Generation and migration of petroleum from abnormally pressured fluid compartments[J]. AAPG Bulletin,74(1):1-12.

HUNT J,1979. Petroleum Geochemistry and Geology[M]. New York:WH Freeman Company.

IMMENHAUSER A,2009. Estimating palaeo-water depth from the physical rock record[J]. Earth-Science Reviews,96(1-2):107-139.

JARVIE D M,2014. Components and processes affecting producibility and commerciality of shale resource systems[J]. Geologica Acta:An International Earth Science Journal,12(4):307-325.

JARVIE D M,HILL R J,RUBLE T E,et al.,2007. Unconventional shale-gas systems:The Mississippian Barnett Shale of north-central Texas as one model for thermogenic shale-gas assessment[J]. AAPG Bulletin,91(4):475-499.

JENKYNS H,1980. Cretaceous anoxic events:from continents to oceans[J]. Journal of the Geological Society,137(2):171-188.

JIAO X,LIU Y Q,YANG W,et al.,2020. Fine-grained volcanic-hydrothermal sedimentary rocks in Permian Lucaogou Formation, Santanghu Basin, NW China: Implications on hydrocarbon source rocks and accumulation in lacustrine rift basins[J]. Marine Petroleum Geology(114):104201.

JOHNS W,1982. The role of the clay mineral matrix in petroleum generation during burial diagenesis[M]. Amsterdam:Elsevier.

JONES B,MANNING D A,1994. Comparison of geochemical indices used for the interpretation of palaeoredox conditions in ancient mudstones[J]. Chemical Geology,111(1-4):111-129.

JONES R,1984. Comparison of carbonate and shale source rocks[M]. Tulsa:American Association of Petroleum Geologists.

KENDALL C,WEBER L J,ALSHARHAN A S,2009. The giant oil field evaporite association:a function of the Wilson cycle,climate,basin position and sea level[C]. AAPG Annual Convention:Denver,Colorado.

KIETZMANN D A,PALMA R M,RICCARDI A C,et al.,2014. Sedimentology and sequence stratigraphy of a Tithonian-Valanginian carbonate ramp (Vaca Muerta Formation):a misunderstood exceptional source rock in the Southern Mendoza area of the Neuquén Basin,Argentina[J]. Sedimentary Geology(302):64-86.

KLEMME H,ULMISHEK G F,1991. Effective petroleum source rocks of the world:stratigraphic distribution and controlling depositional factors[J]. AAPG Bulletin,75(12):1809-1851.

KONING T,2003. Oil and gas production from basement reservoirs:examples from Indonesia,USA and Venezuela[J]. Geological Society,London,Special Publications,214(1):83-92.

KORZHINSKY M,TKACHENKO S,SHMULOVICH K,et al.,1994. Discovery of a pure rhenium mineral at Kudriavy volcano[J]. Nature,369(6475):51-52.

KRAMER W,WEATHERALL G,OFFLER R,2001. Origin and correlation of tuffs in the Permian Newcastle and Wollombi Coal Measures,NSW,Australia,using chemical fingerprinting[J]. International Journal of Coal Geology,47(2):115-135.

KRUMBEIN W C,GARRELS R,1952. Origin and classification of chemical sediments in terms of pH and oxidation-reduction potentials[J]. The Journal of Geology,60(1):1-33.

KÖNIGER S,LORENZ V,STOLLHOFEN H,et al.,2002. Origin,age and stratigraphic significance of distal fallout ash tuffs from the Carboniferous-Permian continental Saar-Nahe Basin (SW Germany)[J]. International Journal of Earth Sciences,91(2):341-356.

LARSON R L,ERBA E,1999. Onset of the mid-Cretaceous greenhouse in the Barremian-Aptian:Igneous events and the biological,sedimentary,and geochemical responses[J]. Paleoceanography,14(6):663-678.

LEE C T A,JIANG H,RONAY E,et al.,2018. Volcanic ash as a driver of enhanced organic carbon burial in the Cretaceous[J]. Scientific Reports,8(1):4197.

LEIN A Y,GALCHENKO V,PIMENOV N,et al.,1993. The role of bacterial chemosynthesis and methanotrophy in ocean biogeochemistry[J]. Geokhimiya(2):252-268.

LEWAN M D,ROY S,2011. Role of water in hydrocarbon generation from Type-I kerogen in Mahogany oil shale of the Green River Formation[J]. Organic Geochemistry,42(1):31-41.

LEWAN M,1997. Experiments on the role of water in petroleum formation[J]. Geochimica et Cosmochimica Acta,61(17):3691-3723.

LEWAN M,KOTARBA M,WIECIAW D,et al.,2008. Evaluating transition-metal catalysis in gas generation from the Permian Kupferschiefer by hydrous pyrolysis[J]. Geochimica et Cosmochimica Acta,72(16):4069-4093.

LI E,PAN C,YU S,et al.,2013. Hydrocarbon generation fromcoal,extracted coal and bitumen rich coal in confined pyrolysis experiments[J]. Organic Geochemistry(64):58-75.

LI S,ZHENG D R,ZHANG Q,et al.,2016. Discovery of the Jehol Biota fromthe Celaomiao region and discussion of the Lower Cretaceous of the Bayingebi Basin, northwestern China[J]. Palaeoworld,25(1):76-83.

LIANG X,JIN Z,PHILIPPOV V,et al.,2020. Sedimentary characteristics and evolution of Domanik facies from the Devonian-Carboniferous regression in the southern Volga-Ural Basin[J]. Marine Petroleum Geology(119):104438.

LIU Q,CHEN M,LIU W,et al.,2009. Origin of natural gas from the Ordovician paleo-weathering crust and gas-filling model in Jingbian gas field,Ordos basin,China[J]. Journal of Asian Earth Sciences,35(1):74-88.

LIU Q,LI P,JIN Z,et al.,2021. Preservation of organic matter in shale linked to bacterial sulfate reduction (BSR) and volcanic activity under marine and lacustrine depositional environments[J]. Marine Petroleum Geology(127):104950.

LOHMANN U,FEICHTER J,2005. Global indirect aerosol effects: a review[J]. Atmospheric Chemistry Physics,5(3):715-737.

LOWENSTEIN T K,HARDIE L A,1985. Criteria for the recognition of salt-pan evaporites[J]. Sedimentology,32(5):627-644.

LYSNES K,THORSETH I H,STEINSBU B O,et al.,2004. Microbial community diversity in seafloor basalt from the Arctic spreading ridges[J]. FEMS Microbiology Ecology,50(3):213-230.

MAHLSTEDT N,HORSFIELD B,DIECKMANN V,2008. Second order reactions as a prelude to gas generation at high maturity[J]. Organic Geochemistry,39(8):1125-1129.

MANN P,GAHAGAN L,GORDON M B,2003. Tectonic setting of the world's giant oil and gas fields[M]. Tulsa:American Association of Petroleum Geologists.

MASON O U,STINGL U,WILHELM L J,et al.,2007. The phylogeny of endolithic microbes associated with marine basalts[J]. Environmental Microbiology,9(10):2539-2550.

MASTALERZ M,DROBNIAK A,SCHIMMELMANN A,2009. Changes in opticalproperties,chemistry,and micropore and mesopore characteristics of bituminous coal at the contact with dikes in the Illinois Basin[J]. International Journal of Coal Geology,77(3-

4):310-319.

MCCOLL J, COUTO J, BENDLE J, et al., 2013. 18S rDNA analysis of alkenone-producing haptophyte (s) preserved in surface sediments of Lake Toyoni, Japan[C]. American Geophysical Union Fall Meeting 2013:Washington.

MCKIBBEN M A, WILLIAMS A E, HALL G E, 1990. Solubility and transport of plantinum-group elements and Au in saline hydrothermal fluids: constraints from geothermal brine data[J]. Economic Geology,85(8):1926-1934.

MITSUHATA Y, MATSUO K, MINEGISHI M, 1999. Magnetotelluric survey for exploration of a volcanic-rock reservoir in the Yurihara oil and gas field, Japan[J]. Geophysical Prospecting,47(2):195-218.

MONTGOMERY S L, JARVIE D M, BOWKER K A, et al., 2005. Mississippian Barnett Shale, Fort Worth Basin, north-central Texas: Gas-shale play with multi-trillion cubic foot potential[J]. AAPG Bulletin,89(2):155-175.

MURPHY L, HAUGEN E, 1985. The distribution and abundance of phototrophic ultraplankton in the North Atlantic 1,2[J]. Limnology Oceanography,30(1):47-58.

NI Y, MA Q, ELLIS G S, et al., 2011. Fundamental studies on kinetic isotope effect (KIE) of hydrogen isotope fractionation in natural gas systems[J]. Geochimica et Cosmochimica Acta,75(10):2696-2707.

O'CONNOR T, KANES W, 1984. Tectonic evolution and sedimentary response: a hydrocarbon accumulation model of the eastern north African continental margin[C]. Proceedings of the Seminar on Source and Habitat of Petroleum in the Arab Countries: Kuwait, Organization of Arab Petroleum Exporting Countries (OAPEC).

O'DOWD C D, FACCHINI M C, CAVALLI F, et al., 2004. Biogenically driven organic contribution to marine aerosol[J]. Nature,431(7009):676-680.

PAN C, GENG A, ZHONG N, et al., 2008. Kerogen pyrolysis in the presence and absence of water and minerals. 1. Gas components[J]. Energy Fuels,22(1):416-427.

PASHIN J C, 1998. Stratigraphy and structure of coalbed methane reservoirs in the United States:an overview[J]. International Journal of Coal Geology,35(1-4):209-240.

PEARCE J A, 2008. Geochemical fingerprinting of oceanic basalts with applications to ophiolite classification and the search for Archean oceaniccrust[J]. Lithos,100(1-4):14-48.

PHILP R, FAN P, LEWIS C, et al., 1991. Geochemical characteristics of oils from the Chaidamu, Shanganning and Jianghan Basins, China[J]. Journal of Southeast Asian Earth Sciences,5(1-4):351-358.

PRINZHOFER A A, HUC A Y, 1995. Genetic and post-genetic molecular and isotopic fractionations in natural gases[J]. Chemical Geology,126(3-4):281-290.

PROCESI M, CIOTOLI G, MAZZINI A, et al., 2019. Sediment-hosted geothermal systems:Review and first global mapping[J]. Earth-Science Reviews(192):529-544.

REEVES E P, SEEWALD J S, SYLVA S P, 2012. Hydrogen isotope exchange between n-alkanes and water under hydrothermal conditions[J]. Geochimica et Cosmochimica Acta (77): 582-599.

ROBERTS A A, PALACAS J G, FROST I C, 1973. Determination of organiccarbon in modern carbonate sediments[J]. Journal of Sedimentary Research, 43(4): 1157-1159.

ROBINSON N, EGLINTON G, BRASSELL S, et al., 1984. Dinoflagellate origin for sedimentary 4α-methylsteroids and 5α(H)-stanols[J]. Nature, 308(5958): 439-442.

ROBISON C R, 1997. Hydrocarbon source rock variability within the Austin chalk and Eagle Ford shale (Upper Cretaceous), East Texas, USA[J]. International Journal of Coal Geology, 34(3-4): 287-305.

SCHENK H, DI PRIMIO R, HORSFIELD B, 1997. The conversion of oil into gas in petroleum reservoirs. Part 1: Comparative kinetic investigation of gas generation from crude oils of lacustrine, marine and fluviodeltaic origin by programmed-temperature closed-system pyrolysis[J]. Organic Geochemistry, 26(7-8): 467-481.

SCHIMMELMANN A, LEWAN M D, WINTSCH R P, 1999. D/H isotope ratios of kerogen, bitumen, oil, and water in hydrous pyrolysis of source rocks containing kerogen types Ⅰ, Ⅱ, ⅡS, and Ⅲ[J]. Geochimica et Cosmochimica Acta, 63(22): 3751-3766.

SCHIMMELMANN A, MASTALERZ M, GAO L, et al., 2009. Dike intrusions into bituminous coal, Illinois Basin: H, C, N, O isotopic responses to rapid and brief heating[J]. Geochimica et Cosmochimica Acta, 73(20): 6264-6281.

SCHIMMELMANN A, SESSIONS A L, MASTALERZ M, 2006. Hydrogen isotopic (D/H) composition of organic matter during diagenesis and thermal maturation[J]. Annual Review of Earth Planetary Sciences(34): 501-533.

SCHLANGER S O, JENKYNS H, 1976. Cretaceous oceanic anoxic events: causes and consequences[J]. Geologie en Mijnbouw, 55(3-4): 179-184.

SCHOUTEN S, HOPMANS E C, DAMSTÉ J, 2013. The organic geochemistry of glycerol dialkyl glycerol tetraether lipids: A review[J]. Organic Geochemistry(54): 19-61.

SEEWALD J S, 2003. Organic-inorganic interactions in petroleum-producing sedimentary basins[J]. Nature, 426(6964): 327-333.

SEEWALD J S, BENITEZ-NELSON B C, WHELAN J K, 1998. Laboratory and theoretical constraints on the generation and composition of natural gas[J]. Geochimica et Cosmochimica Acta, 62(9): 1599-1617.

SHALDYBIN M V, WILSON M J, WILSON L, et al., 2019. The nature, origin and significance of luminescent layers in the Bazhenov Shale Formation of West Siberia, Russia [J]. Marine Petroleum Geology(100): 358-375.

SIMON M, LÓPEZ-GARCÍA P, MOREIRA D, et al., 2013. New haptophyte lineages and multiple independent colonizations of freshwater ecosystems [J]. Environmental

Microbiology Reports,5(2):322-332.

SNOWDON L R,POWELL T,1982. Immature oil and condensate—modification of hydrocarbon generation model for terrestrial organic matter[J]. AAPG Bulletin,66(6):775-788.

SONG M,ZHOU A,HE Y,et al.,2016. Environmental controls on long-chain alkenone occurrence and compositional patterns in lacustrine sediments, northwestern China[J]. Organic Geochemistry(91):43-53.

STALKER L,FARRIMOND P,LARTER S R,1994. Water as an oxygen source for the production of oxygenated compounds (including CO_2 precursors)duringkerogen maturation [J]. Advances in Organic Geochemistry,22(3-5):477-486.

STAUDIGEL H,2003. Ocean crust alteration: Timing, fluxes, and microbial controls [J]. Geochimica et Cosmochimica Acta,72(12):A892.

SU K H,SHEN J C,CHANG Y J,et al.,2006. Generation of hydrocarbon gases and CO_2 from a humic coal: Experimental study on the effect of water, minerals and transition metals[J]. Organic Geochemistry,37(4):437-453.

SUAREZ M B,LUDVIGSON G A,GONZÁLEZ L A,et al.,2013. Stable isotope chemostratigraphy in lacustrine strata of the Xiagou Formation, Gansu Province, NW China [M]. London: Geological Society Special Publications.

SUN Q,CHU G,LIU G,et al.,2007. Calibration of alkenone unsaturation index with growth temperature for a lacustrine species, Chrysotila lamellosa (Haptophyceae)[J]. Organic Geochemistry,38(8):1226-1234.

SUN Y,LI X,LIU Q,et al.,2020. In search of the inland carnian pluvial event: middle-upper triassic transition profile and U-Pb isotopic dating in the Yanchang Formation in Ordos Basin,China[J]. Geological Journal,55(7):4905-4919.

TEMPLETON A,KNOWLES E,2009. Microbial transformations of minerals and metals: recent advances in geomicrobiology derived from synchrotron-based X-ray spectroscopy and X-ray microscopy[J]. Annual Review of Earth PlanetarySciences(37):367-391.

TENG H H,CHEN Y,PAULI E,2006. Direction specific interactions of 1, 4-dicarboxylic acid with calcite surfaces[J]. Journal of the American Chemical Society,128(45):14482-14484.

THEROUX S,D'ANDREA W J,TONEY J,et al.,2010. Phylogenetic diversity and evolutionary relatedness of alkenone-producing haptophyte algae in lakes: implications for continental paleotemperature reconstructions[J]. Earth Planetary Science Letters,300(3-4):311-320.

THORSETH I,TORSVIK T,TORSVIK V,et al.,2001. Diversity of life in ocean floor basalt[J]. Earth Planetary Science Letters,194(1-2):31-37.

TISSOT P, WELTE D, 1984. Petroleum formation and occurrence[M]. Berlin Heidelberg:Springer-Verlag.

TRASK P D,1933. Origin and environment of source sediments[J]. Tulsa Geological Society Digest(2):24-30.

TRIBOVILLARD N,ALGEO T J,LYONS T,et al.,2006. Trace metals as paleoredox and paleoproductivity proxies:an update[J]. Chemical Geology,232(1-2):12-32.

TYSON R,2001. Sedimentation rate, dilution, preservation and total organic carbon: some results of a modelling study[J]. Organic Geochemistry,32(2):333-339.

VON DAMM K,1990. Seafloor hydrothermal activity: black smoker chemistry and chimneys[J]. Annual Review of Earth and Planetary Sciences(18):173-204.

VON DER DICK H,MELOCHE J,GUNTHER P,1989. Source-rock geochemistry and hydrocarbon generation in the Jeanne d'Arc Basin,Grand Banks,offshore eastern Canada[J]. Journal of Petroleum Geology,12(1):51-68.

WANG X,LIU W,XU Y,et al.,2008. Pyrolytic simulation experiments on the role of water in natural gas generation from coal[J]. International Journal of Coal Geology,75(2): 105-112.

WAPLES D W,2000. The kinetics of in-reservoir oil destruction and gas formation: constraints from experimental and empirical data, and from thermodynamics[J]. Organic Geochemistry,31(6):553-575.

WEEDON G P, 2003. Time-series analysis and cyclostratigraphy: examining stratigraphic records of environmental cycles[M]. Cambridge:Cambridge University Press.

WRIGHT V P,2012. Lacustrine carbonates in rift settings:the interaction of volcanic and microbial processes on carbonate deposition[M]. London:Geological Society Special Publications.

XIE S,PANCOST R D,WANG Y,et al.,2010. Cyanobacterial blooms tied to volcanism during the 5 m. y. Permo-Triassic biotic crisis[J]. Geology,38(5):447-450.

YUAN W,LIU G,XU L,et al.,2019. Petrographic and geochemical characteristics of organic-rich shale and tuff of the Upper Triassic Yanchang Formation,Ordos Basin,China: implications for lacustrine fertilization by volcanic ash[J]. Canadian Journal of Earth Sciences,56(1):47-59.

ZHANG M,DAI S,PAN B,et al.,2014. The palynoflora of the Lower Cretaceous strata of the Yingen-Ejinaqi Basin in North China and their implications for the evolution of early angiosperms[J]. Cretaceous Research(48):23-38.

ZHANG X,ZHANG G,SHA J,2016. Lacustrine sedimentary record of early Aptian carbon cycle perturbation in western Liaoning,China[J]. Cretaceous Research(62):122-129.

ZHAO J,JIN Z,JIN Z,et al.,2015. Characteristics of biogenic silica and its effect on reservoir in Wufeng-Longmaxi Shales,Sichuan Basin[J]. Acta Geologica Sinica(89):139.

ZIELINSKI G A, 2000. Use of paleo-records in determining variability within the volcanism-climate system[J]. Quaternary Science Reviews, 19(1-5): 417-438.

ZUO Y H, QIU N S, HAO Q Q, et al., 2015. Geothermal regime and source rock thermal evolution in the Chagan sag, Inner Mongolia, northern China[J]. Marine Petroleum Geology(59): 245-267.